国家现代农业产业技术体系肉牛产业经济研究（农科教发〔2017〕10 号）(CARS-38)

吉林省社会科学基金项目（2024C38）

吉林省教育厅科研项目（JJKH20250732SK）

吉林财经大学博研培优探索项目（2024TS010）

王 悦 张越杰 ｜ 著

中国肉牛养殖
废弃物资源化利用
与生态补偿

Recycling and Eco-compensation of Beef-cattle
Breeding Waste in China

社会科学文献出版社
SOCIAL SCIENCES ACADEMIC PRESS (CHINA)

摘　要

2024 年 1 月，习近平总书记在主持中共中央政治局第十一次集体学习时指出，"新质生产力本身就是绿色生产力"。在培育绿色生产力的过程中，农业领域蕴藏着巨大潜力。农业新质生产力是绿色生产力，绿色发展是农业高质量发展的底色，是传统农业质态的改变。农业新质生产力的绿色低碳特征，反映了生态就是资源、生态就是生产力的新生产力观（黄群慧、盛方富，2024）。作为新质生产力的重要内容，农业绿色发展就是要坚持人与自然和谐共生以及"绿水青山就是金山银山"的发展理念，既要做到降污减排，又要实现增绿固碳，推动农业生产方式向绿色转型、农业生态系统向可持续发展转变。

中国畜牧业的迅速发展在满足人民消费需求的同时，给生态环境带来了巨大压力，畜禽养殖废弃物排放已成为中国农业面源污染的主要来源之一。如何进行畜禽养殖废弃物资源化利用、实现降污减排目标是中国畜牧业绿色转型升级、农村人居环境改善、生态平衡维护的当务之急，也是培育农业绿色生产力的题中之义。

我国政府一直积极推行畜禽养殖废弃物资源化利用政策，中华农耕文明已总结出多种适宜畜禽养殖废弃物资源化利用的模式，但没有得到全面推广，尤其是占主导地位的非规模化养殖户，仍停留在简易堆肥、直接还田甚至丢弃养殖废弃物的阶段，严重制约畜禽养殖废弃物资源化利用效率。究其根源，养殖废弃物资源化的公共物品属性是最大桎梏。养殖户是养殖废弃物资源化利用的直接行为主体，但并非废弃物资源化利用的唯一利益相关者。养殖废弃物资源化利用的单一主体治理模式，极易陷入激励不足、资源化利用效率低下的治理困境。近年来，生态补偿作为一种经济激励手段，被逐渐运用到农业面源污染治理的各个领域，通过利益再分配的方式引导生态受益者为环境付费、弥补生态保护者的经济损失，从而实现生态环境保护利益相关者之间的福利均衡。但是，单一的政府财政资金转移支付补偿方式，多以规模养殖户为受偿主体，难以满足众多散养农户的需求，如何摆脱困局需要理论和实践的探索。

　　本书聚焦中国畜禽养殖废弃物资源化现实困境，构建"价值核算—利益博弈—补偿机制"的逻辑框架，在整合相关资料和大规模实地调研基础上，以肉牛养殖为例，核算了养殖废弃物不同利用途径下的资源化潜力；采用博弈分析方法，解构畜禽养殖废弃物资源化"市场失灵"和"政府失灵"的原因；通过选择实验法，运用离散选择模型，从社会共治视角分别测算肉牛养殖户和肉牛消费者参与肉牛养殖废弃物资源化利用的受偿意愿和支付意愿，探索将公众参与纳入政府主导下的农业生态补偿路径之中，促进政府—养殖户—消费者生态成本共担、生态效益共享的利益机制的形成，在此基础上构建并优化畜禽养殖废弃物资源化利用的生态补偿机制。

Abstract

In January 2024, General Secretary Xi Jinping pointed out during the 11th collective study session of the Political Bureau of the Communist Party of China Central Committee that "new quality productivity itself is green productivity". In the process of cultivating green productivity, the agricultural sector holds enormous potential. The new quality productivity of agriculture is green productivity, and green development is the foundation of high – quality agricultural development, which is a change in the quality of traditional agriculture. The green and low–carbon characteristics of agricultural new quality productivity reflect the new productivity concept that ecology is resources and ecology is productivity (Huang Qunhui and Sheng Fangfu, 2024). As an important part of new quality productivity, green development in agriculture means adhering to the concept of harmonious coexistence between humans and nature, as well as the development philosophy of "green mountains and clear waters are as valuable as mountains of gold and silver". It is necessary to achieve both pollution reduction and carbon sequestration, promote the transformation of agricultural production methods towards greening, and transform agricultural ecosystems towards sustainable development.

The rapid development of China's animal husbandry industry not only meets people's consumption needs, but also brings enormous pressure to the ecological environment. The discharge of livestock and poultry breeding waste has become one of the main sources of agricultural non–point source pollution in China. How to carry out the resource utilization of livestock and poultry breeding waste and achieve the goal of reducing pollution and emissions is an urgent task for China's green transformation and upgrading of animal husbandry, improvement of rural living environment, and maintenance of ecological balance. It is also essential to cultivate agricultural green productivity.

The Chinese government has been actively promoting policies for the resource utilization of livestock and poultry breeding waste. Chinese agricultural wisdom, various suitable models for the resource utilization of livestock and poultry breeding waste have been summarized. However, they have not been fully promoted, especially for the dominant small-scale breeders who still remain at the stage of simple composting, direct return to farmland, or even disposal of breeding waste, seriously restricting the efficiency of resource utilization of livestock and poultry breeding waste. At its root, the public good attribute of resource utilization of aquaculture waste is the biggest constraint. Farmers are the direct actors in the resource utilization of aquaculture waste, but they are not the only stakeholders in the resource utilization of waste. The single subject governance model for the resource utilization of aquaculture waste is prone to the governance dilemma of insufficient incentives and low resource utilization efficiency. In recent years, ecological compensation has gradually been applied as an economic incentive in various fields of agricultural non-point source pollution control. Through the redistribution of benefits, ecological beneficiaries are guided to pay for the environment and compensate for the economic losses of ecological protectors, thereby achieving a balanced welfare of stakeholders in ecological environment protection. However, a single compensation method for government financial fund transfer payments often relies on large-scale farmers as the main beneficiaries, which is difficult to meet the needs of many free range farmers. How to solve this dilemma requires theoretical and practical exploration.

This book focuses on the practical difficulties of resource utilization of livestock and poultry waste in China, and constructs a logical framework of "value accounting benefit game compensation mechanism". Based on the integration of relevant information and large-scale field research, taking beef cattle breeding as an example, the resource utilization potential of livestock waste under different u-tilization pathways is calculated; Using game analysis methods to deconstruct the reasons for the "market failure" and "government failure" in the resource utiliza-tion of livestock and poultry waste; By selecting experiments and using a discrete choice model, the willingness to receive compensation and pay for the participa-tion of beef cattle farmers and beef consumers in the resource utilization of beef cattle breeding waste is measured from the perspective of social co governance. The aim is to explore the inclusion of public participation in the government led agricultural ecological compensation path, promote the formation of an ecological cost sharing and ecological benefit sharing mechanism among the government, farmers, and consumers, and based on this, construct and optimize an ecologi-cal compensation mechanism for the resource utilization of livestock and poultry breeding waste.

目　录

| 第一章 |
学术研究回顾

第一节　中国肉牛养殖废弃物资源化问题亟待解决

作为古代农耕文明的发源地之一，中国经历了由刀耕火种的远古农业到铁犁牛耕的近代农业，再到科技带动的现代农业，农业生产逐步由低投入—低产出的"自然农业模式"向高投入—高产出的"集约化模式"转变。农业生产率提高、农业高速发展，促进了农业、农民的增收，但高投入、高耗能的粗放式发展是以消耗甚至破坏人类赖以生存的自然资源环境为代价的，这种不可持续的生产发展模式带来的负面影响日益凸显。农业资源环境保护不仅要应对当下生产排放的刚需，还需解决"历史遗留问题"，承担"新账旧账"双重压力。"高田二麦接山青，傍水低田绿未耕"的田园景象，只能成为美好诗篇在人们脑海中勾画的回忆。不同于工业生产及城市居民点排污的点源污染，农业生产对环境造成的压力主要是具有广泛性、潜伏性、滞后性、随机性、监控困难等特点的面源污染。第一次、第二次全国污染源普查公报统计显示，农业已成为水源、土壤污染的"主力军"。

随着消费升级，国民食物消费结构改变，其对动物蛋白的需求上涨，畜产品消费量随之增加，2020 年中国畜牧业产值在农林牧渔业总产值中占比达 24.48%，畜牧业成为农业总产值的重要增长点，更是乡村振兴、农民增收致富的先导产业。同时，畜禽养殖废弃物也成为制约畜牧业乃至农业向高效绿色、高值多功能、永续发展的主要因素。畜禽养殖废弃物是传统循环农业生产工艺中有机肥的重要来源，随意废弃、丢弃不仅造成了资源的浪费，超过环境承载能力，更造成了污染。《第二次全国污染源普查公报》统计数据显示，2017年中国畜禽养殖业水污染物化学耗氧量（COD）、氨氮（NH_3-N）、总氮（TN）和总磷（TP）排放量在农业总排放量中所占比重分别为93.8%、51.3%、42.1%和56.5%，在全国总排放量中所占比重分别为46.7%、11.5%、19.6%和38.0%；由于饲料添加剂的滥用，锌、铜等重金属污染物基本成为农业重金属污染排放的罪魁祸首。畜禽粪污及病死尸骸等废弃物处理不当所造成的危害巨大，比如荷兰南部畜牧业高度密集区由于畜禽粪便施用过量引起的农田硝酸盐污染事件，日本自20世纪50年代推广畜禽集约化养殖后引发的"畜产公害"（畜禽养殖污染）案件数量达5392起，这些无一不为发展中国家畜牧业发展敲响警钟。

自2004年以来，中央一号文件连续二十二年聚焦"三农"问题，党和政府开始关注农业废弃物处理与资源化利用。2004年农业部牵头农村沼气建设国债投资计划，2006年从法律（《中华人民共和国可再生能源法》）层面鼓励和支持生物质资源转化技术，2009年国务院聚焦畜禽养殖的污染管理，2010年环境保护部制定发布的《畜禽养殖业污染防治技术政策》明确了针对清洁养殖全环节的适用技术和要求，2013年国务院批准出台了第一部农业环境保护领域的国家法规——《畜禽规模养殖污染防治条例》，2017年农业部印发《畜禽粪污资源化利用行动方案（2017—2020年）》，2020年"十四五"规划倡导广泛形成绿色生产生活方式、持续减少主要污染物排放量、完善多元化生态补偿。在这些政策法规颁布与实施的规制和激励下，中国畜禽养殖废弃物减排的监管机制与资源化利用模式日益优化与多元，取得了一定的成效。2010~2016年，中国畜禽养殖废弃物综合利用率较"十一五"时期提高约10%。2020年全国畜牧总站公布的数据显示，全国畜禽养殖废弃物综合利用率达75%；机械化水平提升、硬件设施配备日渐完善，其中规模化养殖场废弃物处理设施装备配套率达63%。2022年2月，国务院出台《"十四五"推进农业农村现代化规划》，制定了 2035 年畜禽粪污综合利用率达 80% 以上的远景目标，完成新阶段畜禽养殖废弃物资源化的目标任重道远。

养殖废弃物资源化是畜禽养殖户将农业生产对环境产生的负外部性内部化并创造正外部性的行为，不仅减小了环境影响，资源化后的生态产品对生产生活领域的环境负外部性也发挥了积极的改善效应。"十三五"以来，中国畜禽养殖废弃物资源化取得了长足的进步，特别是在国家行政命令规制和财政补贴帮扶下，规模化养殖场（户）养殖废弃物的无害化、资源化基本达标。与其他畜种不同的是，中国肉牛养殖仍以非规模化养殖户为主体，养殖废弃物资源化的成本承担能力、生态服务的认知和供给能力均具有较强的弱质性，养殖废弃物资源化没有得到应有的重视，处理方式单一落后，成为制约肉牛养殖业现代化发展的重要因素，也是实现畜禽养殖废弃物资源化远景目标、改善农村人居环境、实现乡村振兴战略道路上的重大隐患。然而，政府有限的财政转移支付和行政监管难以全面覆盖非规模化养殖户的养殖废弃物资源化，且养殖废弃物相关市场机制尚未发展成熟，具有天然弱质性的非规模化养殖户既没有能力自行负担规范化的养殖废弃物资源化，更难以借助有效的市场机制，这是畜禽养殖废弃物资源化利用整体水平提升的薄弱一环。构建适用于中国肉牛养殖废弃物资源化的生态补偿机制或将成为规范非规模化肉牛养殖户生态行为、提升政府环保部门工作效率、维护生态可持续发展的不二之选。

生态补偿制度萌发于 20 世纪 20 年代的"庇古税"，是为了控制环境污染应运而生的经济手段。伴随科斯对奈特思想的继承发展及对"庇古税"的批判，基于市场机制的生态补偿理论随之诞生。政府干预型和市场主导型成为生态补偿制度的两种基本范式，也是当今世界各国运用生态补偿以保护生态环境所进行尝试的主要方式。中国生态补偿以政府干预型为主，在流域保护、森林保护等生态领域也进行了有意义的探索，取得了一定成效，也因此陷入补偿资金来源单一、补偿额度有限等困境。面对原有机制呈现的问题，党的十九大提出了建立市场化、多元化生态补偿机制，2018 年底多部门联合发布《建立市场化、多元化生态保护补偿机制行动计划》。当相关市场机制尚未发展成熟时，资源化行为离不开政府的引导和支持；同时，为了克服"政府失灵"问题，市场手段也不可或缺。而作为生态环境改善的广大受益者和肉牛产品的消费者，公众（消费者）在肉牛养殖废弃物资源化中却没有扮演任何角色。在环保意识不断增强的当下，公民参与生态环保的意愿和能力都有了很大提升，但是据统计，中国生态补偿在探索与实践中，来自社会各方的资金投入占比尚不足1%。基于社会规范、纳入多元主体来构建自下而上的生态治理制度，能够促使社会整体生态系统协调发展（van Aalst et al.，2008；Chen et al.，2009；Roldan et al.，2010；Froger et al.，2015），提升公众环境保护参与度、引导公众树立生态建设责任心，推动生态文明建设的常态化和可持续发展。如何构建适用于中国农业和社会发展的肉牛养殖废弃物资源化的多元生态补偿机制，成为当下肉牛产业发展亟待破解的难题。

第二节　中国肉牛养殖生态补偿机制的提出

肉牛养殖过程中产生了"数量可观"的废弃物：肉牛作为个体体积最大的畜种，单位粪尿排泄量最大；肉牛养殖的废弃物在有氧或者无氧条件下会被分解，产生危及人类健康及自然界生态平衡的多种形态的有害物质；病死肉牛尸骸的不当处理不仅仅会带来环境污染问题，更存在疾病传播的隐患；由于肉牛较其他畜种养殖周期长、成本高，病死肉牛依旧售卖的"潜规则"已成为行业发展的常态，病死肉牛体内存在病原微生物及毒素，食用后所带来的危害无法估量。肉牛养殖排泄物和病死尸骸的不当处理，不仅仅会给生态环境带来压力、影响畜牧业生产发展，更会危及人畜健康，贻害无穷。

在过去相当长的时间内，为了解决温饱问题，中央和地方政府着力于解决"菜篮子"不充盈的供需主要矛盾，过于强调产值，环保意识较弱，可持续发展的理念未引起重视。国家出台的关于畜牧业生产的管理办法以防疫、良种繁育、提高单产为主，旨在满足人民日益增长的物质需求，兼顾养殖废弃物所带来的污染问题。近年来，随着生态环境保护的观念不断深入人心，"绿水青山就是金山银山"成为贯穿城乡建设与各行各业发展的理念，畜禽养殖废弃物的污染监控与防治逐渐成为政府工作的重点。如何在环境可承载范围内实现绿色健康永续发展，成为肉牛产业的瓶颈之一，特别是养殖环节首当其冲。

随着饮食结构的调整，消费者对于营养更为丰富的牛肉的消费需求还会不断增加。1990~2020 年，城乡居民牛肉人均消费在猪牛羊肉消费中占比由 6.2% 上升至 9.3%。霍灵光等（2010）根据国家肉牛牦牛产业技术体系产业经济研究室数据，运用"聚类类比法"并结合城镇化率的预测，得出 2035 年和 2050 年中国人均牛肉消费量将达到 10.61 千克和 14.49 千克，牛肉消费需求总量分别达 1520.95 万吨和 1977.371 万吨。国内肉牛生产早已无法满足本地需求，未来肉牛养殖数量的增加将给生态环境带来更为沉重的压力和严峻的考验。中国肉牛产业的高速发展并未与可持续健康发展并轨，尤其是肉牛单胎且养殖周期长的生产特性、肉牛养殖资金投入较高且初期回报率较低的产业经济规律，使得肉牛产业发展以分散养殖和接力式生产为主（田露、张越杰，2010），仅有部分大型企业有实力实现从育种—繁殖—育肥到屠宰加工一体化产业链条的建立，特别是考虑到水土资源承载力和养殖用地政策的缩紧，小规模肉牛养殖户仍然是供给的主力军。散养户和小规模肉牛养殖户拥有的资金技术有限、抗风险能力差，非规模化养殖产生的废弃物数量有限，难以实现养殖废弃物资源化利用的规模经济。

虽然相关部门出台了一系列举措，制定了众多法律法规，以强化畜禽养殖户的环保意识、规范其绿色养殖行为，但是由于养殖环境治理和养殖废弃物资源化利用增加了经济成本，大部分养殖户墨守成规，仍延续以往固有的简易处理模式，这势必导致肉牛养殖废弃物资源化利用水平明显低于其他主要畜种，其装备滞后、机械化水平低，废弃物资源化利用方式较为单一。如何引导肉牛养殖户，尤其是非规模化肉牛养殖户因地制宜地选择肉牛养殖废弃物利用的方式方法，优化肉牛养殖废弃物资源化路径，实现肉牛养殖与环境相宜、农业生产与生态建设相辅相成，是当下肉牛产业发展亟须破解的现实难题。

资源经济学认为，畜禽养殖废弃物作为农业生产非期望产出，具有物质和能量载体的属性，是一种特殊形态的生物资源，合理开发利用畜禽养殖废弃物能够促使其释放可观的生物潜能，有"被放错位置的资源"之称（边淑娟等，2010）。肉牛养殖废弃物资源化利用充分体现了循环经济理论和绿色发展的理念，实现了资源开发利用过程中物质能量梯次传导和闭路循环使用，减小了人类获取自然资源的生产活动给生态环境造成的负面影响，能尽量修复已造成的破坏并实现良性循环，具有突出的正外部性（何可，2016；张俊飚，2008）。

肉牛粪污单位养分（氮、磷、钾）含量为 30.5g/kg，低于鸡粪（48.8g/kg）和猪粪（41.1g/kg）（王成红，2009）；由于蛋白饲料中含有较多微量元素添加剂，生猪与禽类粪污中重金属含量较肉牛高，因此肉牛粪污的单个污染因子含量低于生猪与禽类（陈芬，2015；杨育林等，2009），粪污引起的潜在环境风险低于生猪和禽类（李国华，2015）。但是肉牛个体庞大，产污水平远高于生猪和禽类等其他畜种，每年头均排污负荷的人口量达 30~40 人，分别是生猪和禽类的 4 倍和 6 倍，因此在单位面积的土地上施用的牛粪容易过量，致使肉牛粪污还田的土地综合污染高于其他畜种（杨育林等，2009）。肉牛养殖废弃物蕴含资源量及能转化的价值量的核算，是本书要解决的科学问题之一。

肉牛养殖废弃物资源化的过程，也是其负—正外部性转化的过程。肉牛养殖户在支付资源化成本的同时，也提供了生态产品。肉牛养殖户是养殖废弃物处理的直接行为者，是否应当承担全部的处理成本？肉牛产品的消费者在创造消费需求的同时，是否应当分担肉牛养殖的生态行为支出？政府作为监管者，是否应当为肉牛养殖户处理养殖废弃物的行为提供补贴？抑或将养殖废弃物资源化后的生态产品市场化，以实现废弃物的价值转化？肉牛养殖废弃物资源化利益相关者之间博弈关系又是如何？这些问题是本书要解决的科学问题。

在解答前两类科学问题的基础上，吸取和借鉴国内外生态补偿相关项目的经验教训，理清基本思路，为肉牛养殖废弃物资源化设计生态补偿方案，系统回答生态补偿机制的补偿主体与受偿主体，科学测算生态补偿标准及提出相关保障、监管措施，构建适用于中国肉牛产业和社会发展的肉牛养殖废弃物资源化的高效生态补偿机制，是本书要实现的终极目标。

第三节 肉牛养殖废弃物资源化利用
及生态补偿相关研究综述

一 关于农业废弃物的研究

（一）农业废弃物的概念与范畴界定

国外研究中农业废弃物（Agricultural Residues）被定义为收获时田间产生的农业残留物（作物残茬）和农产品加工时产生的残留物（加工残茬），国内学者定义的农业废弃物则涵盖了种植业和养殖业。20 世纪 50 年代起，国内学者已开始了对作物秸秆资源化的研究，如高温堆肥（济生编、祖文画，1953；张鸿禧，1958）、青贮发酵（山西省长治专署农林局，1955；华北农业科学研究所畜牧系饲料组，1955）、高粱秆制糖（陈德义，1960；滕国兴，1960）等。与种植业不同的是，畜禽养殖产生的粪污在化肥尚未推广和量产时是种植业生产中不可或缺的投入要素，是土壤肥料的主要来源。1976 年，中国农业生产中仍有 1/3 以上的肥料由养殖粪污提供（周敬宣等，2003）。随着养殖业养殖规模的扩大和化肥投入的替代，养殖粪污被任意堆弃、不加处理地排放，且在一定的时空范围内没有足够的土地及时消纳，种植业与养殖业生产日益脱节，造成环境污染。郑福庭（1983）是较早将作物秸秆、养殖粪污统称为农业废弃物的学者之一。孙振钧等（2004）对农业废弃物进行了明确的界定：在农业生产过程中废弃的有机类物质，涵盖种植业、林业的植物残余类废弃物，牧渔、养殖业产生的动物类残余废弃物，农产品加工过程中产生的加工残余废弃物和村镇生活垃圾等。科学技术部在此基础上对农业废弃物的定义和分类进行进一步的概括和拓展：农业废弃物是指在农业生产过程中产生的除目标产品外抛弃不用的产物，即农业生产生活中不可避免的非产品产出。从来源和分类的角度来看，种植业废弃物主要指各种农作物秸秆、农膜、农药化肥包装等；养殖业废弃物包括畜禽养殖过程中产生的粪污、病死畜禽、废弃动物皮毛、废弃饲料及养殖场生活污水和垃圾等；农产品加工废弃物既包括农作物的糠麸、碎米，果蔬加工产生的果皮、根茎等残渣，也包括畜产品屠宰加工产生的皮屑、内脏等；农村生活垃圾则泛指人类粪尿等各类生活废弃物。孙永明等（2005）指出农业废弃物具有资源化利用的潜力，但是数量多、品质差、危害大，存在资源化限制因素与技术瓶颈。唐绍均（2008）将废弃物归类为产品生命周期废弃处置阶段的产品，彭靖（2009）将农业废弃物按其形态划分为固、液、气三类。借鉴国内学者对废弃物概念的阐述，农业废弃物可以界定为在一定时空范围内，产生于农业生产过程之中，因对人类无价值或有价值但未被开发利用而无用或不用，进而被废弃的副产物；且在处理不当的情况下，被废弃的副产物极易造成资源浪费或环境污染。

（二）农业废弃物资源化存量、价值潜力的相关研究

研究初期，学者们在对农业废弃物概念和范畴进行界定时，关注点更多地集中于其废弃闲置、危害性的特征，孙振钧和孙永明（2006）、Carpenter 等（2014）、顾骅珊（2009）、Zervas 和 Tsiplakou（2011）等国内外学者从不同的角度阐述了不同种类农业废弃物存续或不当处理对水体、大气、土壤等与生态环境和人类生活相关的领域所造成的危害。随着研究的深入、人类与自然不和谐关系的加剧，越来越多的学者关注的重点不再仅停留在废弃物带来的危害，而是进一步向如何最大限度地减少废弃物可能对环境造成的污染、发掘和利用废弃物的资源属性拓展（陈铭泽等，2022；姜延等，2022；邓远远等，2021），即如何将农业废弃物的负外部性内部化，转化为正外部性，以缓解与资源环境的紧张关系，使资源利用的单向线性模式逐渐向循环发展模式转变。韦佳培（2013）将农业废弃物区分为资源性农业废弃物和非资源性农业废弃物，并将资源性农业废弃物划分为农作物废弃物、畜禽养殖废弃物和农业温室气体三个大类。

农业废弃物资源化存量核算是资源化的前提和基础。黄粟嘉（1993）是较早对农业废弃物进行核算的国内学者，在没有明确核算系数的情况下，对苏州市农作物废弃物（秸秆、米糠、稻壳、谷物胚芽、菜油脚、棉籽、桑梗）、养殖废弃物（畜禽粪便、蚕蛹、水产副产品）进行了粗略估算，并罗列了各种农业废弃物综合利用途径。随着研究的深入，学者们对农业废弃物资源化存量的核算也逐渐科学化、规范化。受到地区、品种等多方面因素的影响，农业废弃物资源化存量核算所依据的标准无法统一，但是学者们对全国及区域各类农业废弃物的核算做了大量翔实的研究，为各种农业废弃物资源化相关研究奠定了基础。

1. 农作物废弃物资源量估算

农作物秸秆资源量的估算主要采取根据秸秆测产结果推算或依据农作物经济产量估算两种方法（毕于运，2010）。依据农作物经济产量估算又包括草谷比法、收获指数法和农副产品比重法（左旭等，2015）。在实际科研工作中，更多学者选择依据农作物经济产量中的草谷比法进行估算。草谷比是农作物生物学性状指标，指禾谷类作物的藁秆重量与其谷粒之比。韩鲁佳等（2002）、曹国良等（2006）、毕于运（2010）、毕于运等（2009）在《农业技术经济手册》（1983 年）、《非常规饲料资源的开发与利用》（1996 年）等相关研究基础之上，分别对不同类别、不同区域的农作物草谷比进行了较为系统的研究，其中毕于运的研究成果得到更多学者的认可和应用（左旭等，2015；何可，2016；孙建飞等，2018；祝延立等，2020；姜延等，2022；王越等，2023）。何可（2016）考证、汇总了2016 年以前已有文献关于农作物草谷比数据，深入细致地对各研究中每一类农作物草谷比进行比对、加权处理，计算了全国各类农作物秸秆资源量及区域分布、可收集利用量。考虑到地区品种、区域差异，越来越多的学者聚焦区域农作物秸秆研究，祝延立等（2020）测定了吉林省玉米、水稻、大豆、花生作物的草谷比并核算了吉林省秸秆资源量及分布密度；姜延等（2022）核算了东北黑土区玉米、水稻秸秆资源量；王越等（2023）利用农业农村部发布的四川省推荐取值的草谷比及可收集系数法，核算了水稻、小麦、玉米、油菜四种作物秸秆的可收集数量。在核算资源存量的基础上，何可（2016）、宓春秀（2018）、李一（2019）、李雪航（2020）、杜为研等（2021）、徐奕琳（2021）、杜月红等（2021）从生物质资源的视角探索了农作物秸秆养分资源量，估算了秸秆资源的饲料化、能源化、肥料化等资源化潜力。

2. 畜禽养殖废弃物资源量估算

畜禽养殖废弃物包括畜禽养殖过程中产生的粪污、病死畜禽、废弃动物皮毛、废弃饲料及养殖场生活污水和垃圾等，其中畜禽养殖粪污因体量大、污染性强成为研究热点。根据《第一次全国污染源普查畜禽养殖业源产排污系数手册》，在对畜禽养殖粪污产生量进行估算时，主要依据不同畜种的产污系数，即在正常生产和管理条件下，单个畜禽在一定时间内（通常以"天"为单位）所产生的原始污染物的数量。发达国家畜牧养殖工业化、规模化起步早，发展快，对于畜禽养殖废弃物的研究主要聚焦畜禽粪污对环境的污染（Mallin and Cahoon，2003；Centner and Feitshans，2006）、区域分布（Costanza et al.，2008）及养殖方式对环境的影响（Centner et al.，2008）等方面。

中国畜禽养殖规模化发展较发达国家晚，但是对畜禽养殖粪污的利用历史悠久，早期对畜禽养殖粪污的估算并不规范，《农业技术经济手册》是较早提供猪、牛、鸡、鸭、马、羊6类畜种的昼夜产污系数的文件，但尚未对肉鸡与蛋鸡、肉牛与奶牛做出区分。《全国农村沼气工程建设规划（2006—2010年）》以推广沼气工程为依托，给出了生猪、奶牛和蛋鸡3类牲畜的产污系数。王方浩等（2006）收集比较了1994~2004年可查文献的产污系数并取平均值，估算了全国畜禽养殖粪污产生量及养分量。《畜禽养殖业源产排污系数测算实施方案》（2008年）、《第一次全国污染源普查畜禽养殖业源产排污系数手册》（2009年）初次规范了畜禽养殖业源产排污系数的测算方法，并发布了全国六大区域（西北、东北、华北、西南、中南、华东）的5类畜禽（生猪、肉牛、奶牛、肉鸡、蛋鸡）规模化养殖不同阶段的产污系数。董红敏等（2011）结合养猪场实际，首次提出产排污系数的概念和计算方法，并阐释二者之间的区别，同时演示了生猪养殖不同阶段产排污系数的测定方法。耿维等（2013）在第一次全国污染源普查的基础上增加了役用牛、马、羊、兔、驴（骡）5类畜禽的产污系数。由于畜禽养殖产污系数既受到季节、区域、品种等因素的影响，也与从业者饲养方式、饲养水平、饲养阶段、饲养规模等人为因素密切相关，学者们的研究逐渐细化，更多地着眼于不同区域（李丹阳等，2021；施常洁等，2021）、不同季节（淡江华等，2022）、不同养殖类型与规模（隋超等，2020）、不同品种（刘瀚扬等，2020）的畜禽养殖产污情况，其中包维卿等（2018）的研究极大地丰富了已有研究成果。

在估算畜禽养殖废弃物单位时间排放量时，不同的畜种存在较大差异，这些差异一方面体现在饲养周期不同，另一方面则与养殖量指标有关。已有研究成果在估算养殖废弃物资源量时尚未对所采用的不同畜禽的饲养周期、饲养数量（存栏量或出栏量）进行统一。部分学者按照饲养周期是否超过一年来选取出栏量或存栏量（王越等，2023；赖若冰，2021；何可，2016；土方浩等，2006；彭里，2004）。土越等（2023）、李潘潘等（2022）、左旭等（2015）、韦佳培（2013）则不分畜种均采用存栏量或出栏量来估算。也有研究者按照畜禽用途进行区分，肉用畜禽选择出栏量，蛋奶及繁殖用途的畜禽采用存栏量（施常洁等，2021）。不同畜种饲养周期不同，对于饲养周期超过一年的牛、羊、马、驴、骡，学者们均选取365天作为计算参数；而对于猪、家禽、兔等畜禽饲养周期的选择则存在差异（见表1-1）。

表 1-1　现有研究关于不同畜种饲养周期的选取

单位：天

资料来源	猪	肉牛	奶牛	羊	肉鸡	蛋鸡	兔	马、驴、骡
彭里（2004）	300	—	—	—	50~55	—	50~55	—
何可（2016） 王越等（2023）	199	365	365	365	210	210	90	365
葛书辛（2022）	199	365	365	365	365	—	90	
李潘潘（2021）	200	365	265	365	45	365	85	365
刘玉香（2020） 韩成吉等（2021） 赖若冰（2021）	199	365	365	365	210	210	—	—
史瑞祥（2018）	180	365	365	365	160	160	90	—

续表

资料来源	猪	肉牛	奶牛	羊	肉鸡	蛋鸡	兔	马、驴、骡
李纪周（2011）	180	365	365	365	210	210	—	—

资料来源：根据文献整理。

畜禽养殖废弃物中含有大量有机质、矿物质，既是污染所在也是其潜在价值的来源，养殖废弃物中的养分含量受畜种、饲喂方式、季节、地区等多方面因素影响，就畜种而言，鸡粪养分含量最高。彭奎和朱波（2001）、董红敏等（2011）对畜禽粪污养分测定进行了深入研究；陈广银等（2021）、索龙等（2022）从耕地养分负荷角度计算了畜禽养殖废弃物养分资源含量。王越等（2023）除了估算四川省畜禽养殖废弃物代替肥料养分（氮肥、磷肥、钾肥）的可能性，还计算了养殖废弃物可折算标准煤和标准气（沼气）的潜力。杜欢政等（2022）认为 2019 年河南省农业废弃物能源蕴藏量是全省同期农业农村能耗的 4.23 倍，呈现地区分布不均的特征。李丹阳等（2019）发现山西省畜禽粪污发酵产气量可达全省天然气年消费量的 25.42%。陈利洪等（2019）认为现有关于畜禽粪污可开发潜力的估算结果总体偏高，相关研究有待细化。也有研究指出，畜禽粪便中含有的重金属物质（Liu et al.，2020；胡家晴，2021；张俊亚等，2021；Zheng et al.，2022）、抗生素（Chee-Sanford et al.，2009；Lima et al.，2020；楚天舒等，2021）在替代化肥时会增大土壤污染风险，带来一系列食品安全隐患。

3. 农业生产温室气体资源量估算

由于全球变暖加剧，温室气体排放成为研究热点，减排固碳对农业绿色发展提出了更高标准和要求。农业废弃物是碳排放的"重灾区"，王磊（2018）构建了时间序列市域温室气体清单，农业源在温室气体 CH_4 和 N_2O 的排放中占据主导地位。合理的资源化利用则能够实现固碳和减排的双赢，农业废弃物还田能够充分发挥土壤碳库功能，较之再造林等陆地生态系统的固碳更为长效（韦佳培，2013）。刘成（2019）指出，农作物秸秆、畜禽粪污等废弃物制备生物炭还田可快速促进土壤增肥、提高作物生产力、降低温室气体排放。在估算农业生产温室气体资源量时，有 OECD

法、IPCC 系数法和质量平衡法三种主流方法，奚永兰等（2022）对比了三种方法在量化碳排放时的优缺点。由于核算方法简单且较为准确，学者们人都参考《2006 年 IPCC 国家温室气体清单指南》及 2019 年修订版中的推荐方法及相关系数（张学智等，2021；张广胜、王珊珊，2014；董红敏等，2008）。张学智等（2021）认为，中国农业生产中的甲烷排放主要由畜禽肠道发酵（50.69%）、水稻种植（35.17%）、畜禽粪污管理（14.14%）构成。

（三）农业废弃物资源化利用途径与模式的相关研究

农业废弃物资源化利用的途径多种多样，已不限于肥料化、能源化和饲料化，基质化、原料化和生态化为农业废弃物资源化提供了更多的可能（姜文凤、张传义，2020）。毕于运（2010）认为农作物秸秆是农民的基本生活资料、生产资料，将其资源化后可用作肥料、饲料、燃料和菌类生产基料。通过总结已有研究发现，肥料化、能源化是畜禽养殖废弃物资源化的主要途径（张子涵，2021；舒畅等，2017）；垫料化、基质化主要适用于粪污纤维含量较高的反刍动物（赵馨馨等，2019）。饲料化虽然存在理论上的可行性，尤其是氨基酸含量较高且品种齐全的鸡粪（李玉娥等，2009），却存在较大的饲料安全风险（张子涵，2021；左旭等，2015），不为发达国家和地区所认可。

肥料化是世界范围内应用最为广泛的农业废弃物资源化途径（廖青等，2013），蕴含中国朴素的生态智慧，是解决农业废弃物污染的治本之策。农作物秸秆和畜禽粪污科学还田，有助于改良土壤结构、维持土壤养分和水分平衡。通过有机肥生产技术，将农业废弃物加工成商品有机肥，改善了农业生产环境，便于运输（罗建新等，2010），不同配比的商品有机肥可以适应不同作物的营养需要，提高农业生产力。能源化利用是农业废弃物资源化的重要途径，以发酵制备沼气、燃烧碳化等生物能源技术为主（李金祥，2018；谭美英等，2009），其能源效率明显高于煤炭（左旭等，2015）。目前，已有众多学者对农业废弃物制备沼气的技术模式（唐娇、陈城，2022；Chen et al.，2017）、处理工艺（王磊等，2022；李靖等，2022；彭思毅等，2022）、效率评价（王颖等，2023）、区域适应性（史风梅等，

2022；Ersoy and Ugurlu，2020）及产业发展与展望（宋荣平等，2022；邱灶杨等，2019）等方面的研究做出了贡献。饲料化是以青贮、黄贮、微贮或氨化等方法处理农作物纤维类废弃物，或无害化加工处理畜禽粪便，这是畜禽饲料的资源化途径。由于纤维含量较高，该方法适合反刍动物的饲喂。李茂雅等（2022）、燕翔等（2022）、张志娟和周腰华（2022）、单治国等（2022）、乔庆敏和宋春梅（2022）、杨惠杰等（2021）分别对酒糟、大豆秸秆、玉米秸秆、茶渣、苹果渣、水稻秸秆等农业废弃物饲料化进行了深入研究。相比之下，基质化（基料化）是较为新兴的资源化途径（李鹏、张俊飚，2016），即种养有机废弃物合理配比后混合而成的基质用于无土栽培（姚利等，2021；刘春丽等，2018）、饲养昆虫（李艳华等，2021；邱美珍等，2020；温凌嵩等，2020）或畜禽发酵床垫料（沈玉君等，2022；曾雅琼等，2018）。基质化利用方式多样，但存在技术水平低下、缺乏标准化参数、成本难控等发展瓶颈（赵佳颖等，2019；范如芹等，2014）。

农业废弃物资源化利用模式分类方法多样，具体模式的选择受到农业废弃物的种类、规模以及资源化利用者禀赋等多重因素的影响。按照资源化环节，可以分为源头减量模式、过程控制模式和末端循环利用模式（赵馨馨等，2019），也被称为产前、产中、产后治理（胡曾曾等，2019；彭里，2004）；按照资源化处理规模，可以分为分散利用模式和集中利用模式（张子涵，2021；蒋磊，2016）；按照管理主体不同，可以划分为种植户或养殖户主导型、政府主导型、第三方主导型（赵馨馨等，2019；姜海等，2016）以及 PPP 模式。全国畜牧总站（2016）在大量实际调研案例的基础上将畜禽养殖废弃物资源化利用模式归纳概括为源头减量、达标排放、种养结合、集中处理、清洁回用 5 种主要模式。同时，不同作物、畜种等在资源化利用技术和模式上都存在差别。

（四）农业废弃物资源化认知、行为及影响因素的相关研究

农业废弃物的产生是农业生产负外部性的集中体现，农业废弃物资源化是农业从业主体将农业生产负外部性内部化的有效途径。农业环境问题的根源在于农业从业主体的行为选择（刘铮，2020）。农业从业主体对农

业废弃物的价值感知及其资源化的认知水平、价值判断，对于其参与资源化的意愿与行为选择至关重要；而农业从业主体对农业废弃物资源化的认知、行为选择受到自然禀赋、社会经济禀赋等多方面因素的影响。

价值认知水平是农户决定是否参与资源化的主要因素（李福夺等，2020），价值认知水平的提高能显著提升农户废弃物资源化行为发生的概率（张红丽等，2022）。也有部分学者认为农户更重视主要农产品经济价值的实现，农户对农业废弃物资源化的价值认知并不能对其付出额外精力和成本的资源化意愿产生显著影响（吴月丰等，2021）。农业废弃物资源化的认知主要体现在经济认知和生态认知两方面（左巧丽等，2022），多数农户能够认识到农业废弃物的经济价值（韦佳培等，2014）。李福夺等（2020）认为，对经济利益的追求即经济价值认知仍是农户进行资源化决策最主要的考量因素，而张红丽等（2022）则认为生态价值认知的作用更为突出。影响农业从业者对农业废弃物资源化价值认知的因素是多方面的，多数学者对于受教育程度在提升农户的认知水平中发挥的正向影响达成了共识（吴月丰等，2021），地区经济状况与农户的认知水平呈正相关。殷锐（2019）认为生态预期、监管执法力度也是影响农户对农业废弃物生态价值认知水平的重要因素。条件估值法（CVM）、选择实验法（CEM）等是近年来国内外学者常用的对农业废弃物资源化非市场价值进行评估的方法，通过调查农户或其他利益相关者的支付意愿、受偿意愿等来量化其对农业废弃物资源化的价值认知。杨韩（2021）、刘霁瑶等（2021）、韦佳培（2013）选用 CVM 估算了农户对棉花秸秆、农药包装废弃物、奶牛粪便、农业废弃物（秸秆、畜禽粪污）的价值认知。刘霁瑶等（2021）、耿献辉等（2021）、刘昌（2020）运用 CEM 量化了农户对农村生活垃圾、农药包装废弃物、畜禽养殖污染、农田重金属污染修复等的价值认知。

农业从业主体在自身和社会经济等条件下对农业废弃物资源化价值的认知存在差异，但认知水平高并不意味着有意愿或一定会采取资源化行为，30%~60%的农户农业废弃物资源化的意愿与行为存在背离（赵俊伟等，2019；孔凡斌等，2018）。Willock 等（1999）指出，农户的行为是以其基本特征为前置变量，以行为目标和认知为中介变量，以所处经济、社会环境为外部变量，是多方面诱因的结果。是否进行农业废弃物资源化本质上是一种经济决策，能否实现经济效益最大化是农户的重要决策准则，是其个人及家庭特征、生产经营特征、外部政策、社会规范与心理认知等多方面共同作用的结果（张子涵，2021），这些影响因素对农户废弃物资源化行为的修正作用不能忽略（雷硕，2020）。学者们基于研究需要运用博弈仿真方法（李梦梦，2021；薛豫南，2020）、离散选择模型（李新莉，2022；张红丽等，2022）、结构方程模型（牛江波等，2022；熊升银、周葵，2019）、解释结构模型（杜红梅、周健，2022）、多元线性回归模型（宋亭萱，2020；武千辉，2019）等，对影响农户废弃物资源化行为的因素进行了甄别。其中，农户的个体及家庭特征主要有性别、年龄、受教育程度、家庭人口数等；生产经营特征有经营规模、从事农业生产的时间、专业化程度、生计策略等；外部政策包括补贴等支持政策、政府部门监管、行政处罚、制度信任等；社会规范主要包括社会网络、村规民约、声誉诉求等；心理认知则包括废弃物资源化的价值感知、预期收益、风险感知、责任归属（环境素养）等。也有部分学者运用中介效应模型对心理认知的中介效应进行探讨和验证，认为生态预期、环境认知（素养）、社会资本、政策监管等因素通过农户认知影响农户参与农业废弃物资源化的意愿或行为（何有幸等，2022；赵晶晶、谢保鹏，2022；王恒，2020）。

（五）农业废弃物资源化利用的国际经验

20 世纪七八十年代以来，日本以及欧美国家率先开启了农业可持续发展的道路，在农业废弃物资源化利用方面积累了丰富的经验。一些发展中国家和地区也因地制宜进行了有益的尝试，为可持续发展理念在世界范围内农业生产领域的普及奠定了基础。

就畜禽养殖业而言，欧美国家的养殖废弃物资源化处理模式以种养结合、还田处理为主。美国自 1935 年起将施用畜禽粪肥作为改良土壤的农业资源保护项目的主推技术之一；1972 年《清洁水法案》颁布后，液态养殖废弃物禁止排放，大多数农场在其内部已形成饲草—饲料—肥料的资源化循环体系，且大多数养殖场采取水冲粪工艺、配合氧化塘厌氧发酵后还田的模式（贾伟等，2017），遵循养分管理计划规定，利用养殖废弃物维持土壤养分平衡；2003 年，美国环保署出台了《公众参与政策》，利用公众参与机制制衡和支撑农业废弃物资源化。荷兰于 1971 年立法禁止畜禽养殖废弃物直排行为，通过控制畜禽养殖规模和粪污养分管理，引导养殖废弃物的农田利用。德国将养殖废弃物厌氧发酵所产生的沼气能源化，采用半地下中温半干式厌氧发酵工艺（刘沙沙等，2018），通过养殖废弃物资源化为国家能源安全提供支持，处理后的沼渣、沼液按土地载畜量标准（每公顷不超过 3 头猪）进行适量还田。法国鼓励养殖场将养殖废弃物制成有机肥销售。丹麦立法要求养殖场必须有匹配的农地种植作物来消化养殖废弃物，并于 2009 年推出"绿色增长计划"（白华艳，2015），目的是实现养殖粪污 100% 能源化利用，由政府出资补贴沼气池建设，对区域内畜禽养殖废弃物集中进行资源化。新西兰早期将养殖废弃物以自然氧化塘工艺进行无害化处理，1991 年之后改为固液分离的清粪方式，液体废弃物贮存后以喷灌方式施洒至农田，固体则于春季施还于牧场。日本是较早爆发严重"畜产公害"的国家，也是畜禽养殖废弃物立法管理及配套政策措施最为健全、细致和完善的国家之一，多种具有区域特色的成熟的资源化利用技术与模式构成了其具有战略价值的典型产业，实现了生态维护与产业联动（李鹏，2021），促使农业生产由生态污染、资源紧缺转向可持续发展。

　　这些发达国家的农业废弃物资源化之所以经验丰富、技术成熟、成绩斐然并不断进步，是基于多方面因素。首先，依赖政府的命令控制，以健全、严格的法律法规为支撑，依法严格监管、强制执法，辅以经济或市场手段进行调节，通过补贴、贷款优惠、环境税费等利益驱动方式，吸引、鼓励生产者的资源化行为。其次，重视废弃物资源化利用技术的研发、优化与推广，以最适宜的先进技术指导农业废弃物资源化。最后，充分发挥公众的制衡和支撑作用，鼓励公众积极参与，加强对非资源化生产行为的监管。

二　关于农业生态补偿机制的研究

　　随着农业生产与农村人居环境、生态环境保护之间矛盾的不断深化，农业生态补偿作为农业生态治理的重要手段，成为广大农经学者和政策制定者的重点研究领域。何可等（2020）运用 CiteSpace 软件，将中国农业生态补偿的研究进程分为三个阶段：2004 年之前、2005~2007 年、2008 年至今。第一阶段主要研究领域为森林生态补偿，以定性陈述农业生态补偿的依据和必要性为主要内容；第二阶段主要研究领域为湿地，生态补偿机制等基础性理论研究成为热点；第三阶段生态补偿标准成为学者们关注的核心，农业生态补偿相关研究涉及各细分领域，基本覆盖农业生态各个领域与环节。早期的生态补偿相关研究以定性研究为主，如农业生态补偿概念与内涵、相关理论基础等，随着研究方法的更新，更多的学者侧重于理论分析基础上的应用研究，案例分析与模型模拟等定量研究逐渐盛行（刘春腊等，2013）。

（一）关于生态补偿与农业生态补偿机制内涵与理论基础的研究

生态补偿（Eco-compensation）是以保护和永续利用生态系统服务、促进人与自然和谐发展为目的，在综合考虑生态价值、保护成本与发展机会成本的基础之上，以财政转移支付为主，综合运用多种市场手段，协调利益相关者间的关系，调动其生态保护积极性，促使生态服务提供者愿意提供具有正外部性或公共物品属性的环境保护服务的一系列制度安排（柳荻等，2018；吴健、郭雅楠，2018），这与国际上常用的生态环境服务付费（PES）概念较为相似（吴乐等，2019）。国外的生态环境服务付费主要由市场推动、自愿交易；国内的生态补偿机制目前仍以政府为主导，涵盖范围更广泛。

农业生态补偿机制是生态补偿建设的重要内容与关键领域，可以概括为对农业生产相关的生态行为的激励，是将农业生产的环境负外部性影响内部化的制度安排（Gabel et al.，2018）。牛志伟和邹昭晞（2019）将农业生态补偿划分为"对农业生态的补偿"和"对农业的生态补偿"两类，认为中国生态补偿的实践与理论脉络以生态环境行为带来的正负外部性为主线分为两个阶段，即分别以治理负外部性和奖励正外部性为特征的阶段，其中对环境负外部性的治理阶段，初步构建了具有中国特色的生态保护法律体系；对生态正外部性的奖励，主要涉及森林、湿地、草原和农田等农业及相关生态资源，又有"对农业的生态补偿"之称。周颖等（2021）认为农业生态补偿与 WTO 农业补贴的"绿箱"相似，是以"谁保护、谁受益""谁投资、谁受偿"的指导原则，对为维持和改善农业生态系统付出私人成本以增加外溢生态效益或减少外溢成本的个人或组织，给予合理的报酬或奖励的制度安排，并将农业生态补偿划分为农业资源保护和农业绿色生产行为的补偿两大类型。

农业生态补偿机制是以外部性理论和公共产品理论为基础逐渐丰富和发展起来的。英国经济学家庇古和科斯分别提出了解决外部性的两种视角和思路。庇古认为通过税收或补贴将经济活动产生的社会收益及成本转变为私人收益或成本，即以政府的调控为主，将外部性内部化，以实现帕累托最优。科斯则认为在交易费用不为零的条件下，市场机制才是解决外部性最为有效的途径。农业生态资源是一种准公共产品，资源不合理使用造就了"公地悲剧"。van Aalst 等（2008）、Pagiola 等（2019）认为生态补偿应是基于科斯定理的自愿交易行为，"使用者补偿"优于"政府补偿"。Blicharska 等（2022）则认为"政府补偿"比"使用者补偿"有效。孙翔等（2021）以流域生态补偿为例，阐述了博弈理论和生态系统服务价值理论对生态补偿理论的支持；周颖等（2021）则认为中国生态文明建设理论中的绿色发展理论和民生福祉理论是中国农业生态补偿理论的重要组成部分。

（二）关于农业生态补偿标准测算的研究

补偿标准的制定是生态补偿机制的核心（黄锡生、陈宝山，2020）。农业生态补偿标准的量化一直是学者们关注的重点和难点，由于涉及范围广、种类多样，尚未形成标准测算体系，仍处于探索阶段。牛志伟和邹昭晞（2019）从生态保护成本、生态服务功能与价值两个视角归纳了生态补偿标准测算的相关研究；周颖等（2021）增加了基于陈述性偏好法（CVM、CE）的标准测算相关研究的总结；李姣等（2022）补充了存在较强区域间联系的农业生态补偿标准的量化分类。

第一类是将生态服务功能的市场价值量化（Pagiola et al.，2019；李颖等，2014；龙耀，2018；刘利花、李全新，2018；张俊峰等，2020）作为补偿标准，较多应用于具有特定生态系统服务价值的农业生态资源。

第二类以农业污染治理与生态保护实际成本及机会成本（Engel et al.，2008；耿翔燕等，2018；徐涛等，2018）为依据。以成本为基础制定的补偿标准较为客观，但存在低估生态行为绿色贡献的可能，已开展的生态补偿实践大多以此为基础（宋敏、金贵，2019）或将其作为补偿标准下限的参考（雍新琴、张安录，2011；柴铎、林梦柔，2018）。

第三类基于受益者支付意愿（马爱慧，2011；Tienhaara et al.，2020；汪振等，2022）和农户受偿意愿（韩洪云、喻永红，2014；余智涵、苏世伟，2019；Tadesse et al.，2021；丘水林、靳乐山，2021）进行标准测算，主要采取的方法有条件估值法（何可，2016；杨莉、乔光华，2021）和选择实验法（姚柳杨，2018；李晓平，2019；俞振宁，2019；王娜娜，2020；刘霁瑶等，2021）。陈述性偏好法注重微观主体的支付或受偿诉求。

第四类为按农业生态资源占用（消费）予以补偿（Rees，1992；梁流涛等，2019；丁振民、姚顺波，2019；李姣等，2022），主要适用于存在生态资源联系的区域间补偿标准量化。

（三）关于农业生态补偿实践模式和未来发展路径的研究

国外生态补偿多以生态服务付费的形式存在，强调"受益者"付费的自愿交易原则，因此国外生态补偿模式主要通过健全的相关法治基础上的市场机制来实现（任俊霖等，2020；吴敏，2022），在此基础上形成碳汇交易、森林认证、生态标签、生态旅游等多种模式（苑海涛，2019）。李国平和刘生胜（2018）认为中国生态补偿实践经历了依附环境管制、以"受益者补偿"为指导、建立健全生态补偿制度三个发展阶段，在此过程中，生态补偿实践主导主体也逐渐由单一政府向多元化发展转变。在实践模式大类划分上，大多数研究依据实施主体的不同将其划分为政府主导和市场主导两大类（任俊霖等，2020；王丽英等，2022），也有学者在此基础上进行了更为细致的分类。刘桂环等（2021）认为中国已形成政府主导、企业和公众参与的生态补偿模式，市场逐渐发挥重要作用，并对现有生态补偿实践模式进行了总结，概括为纵向（以上下级政府间财政转移支付为主）生态补偿模式、横向（不具有行政隶属关系的地区间）生态补偿模式、多主体（企业、社会主体）参与的市场化生态补偿模式和生态综合补偿模式 4 种。也有学者按照生态补偿实践具体方式，将其划分为公共财政补偿、私人直接补偿、生态产品认证补偿和限额交易计划 4 种类型（李华，2016）。朱丹（2016）分别从政府干预程度、补偿对象及成效科学三个角度对中国生态补偿实践进行了分类：依据政府干预程度，划分为政府"强干预"和政府"弱干预"；依据补偿对象，划分为对生态保护贡献主体的"积极性补偿"、对生态利益受损群体的"针对性补偿"以及对生态破坏止损者的"激励性补偿"；依据成效科学，划分为"输血式"（资金、实物）补偿和"造血式"（项目、政策、智力）补偿。

单一政府主导的农业生态补偿模式存在生态治理绩效和创新效率边际递减的问题（王彬彬、李晓燕，2015），单一市场主导模式则存在"市场失灵"导致的"搭便车"、交易费用过高、交易双方信息不对称等低效率的问题（Farley and Costanza，2010）。因此，根据不同农业生态资源保护需求、治理差异和区域特性，构建和完善社会参与的法治化、多元化生态补偿模式，平衡政府和市场的关系，促进政府和市场的有效融合，是中国农业生态补偿未来的发展方向（李国平、刘生胜，2018；靳乐山等，2019；赵晶晶等，2022）。

三　关于社会共治的研究

多元共治、社会共治在中国古代治世思想中已有体现，如《礼记》的"天下为公"、《尚书》的"天听自我民听"、顾炎武的"分权众治"等；西方社会共治起源于 20 世纪晚期，西方发达国家高福利政策给政府财政造成压力，导致政府低效率，致使食品安全、环境保护等重大公共事务治理危机频现，引发了社会的不满和质疑。公众和各类社会组织等社会力量的出现为公共事务的治理贡献了重要力量，政府吸纳社会力量共同治理公共事务，为社会共治理论的初步形成奠定了基础。Rosenau 和 Czempiel（1992）认为社会共治的本质仍为一种管理机制，不同于政府单一行为，更注重政府与其他社会力量的协作，鼓励各参与方以共同目标为努力方向；社会共治的主体包括政府及政府以外的非政府力量（市场主体、非政府组织及社会公民个体）。社会共治以实现社会利益的最大化为终极目标，通过化解不同社会群体间的利益冲突、改善社会经济和文化环境，提高资源利用效率，增进社会福利（Mueller，1981）。社会共治的形式多样，不局限于德治、法治、自治。它与政府单向监管存在的本质区别是，社会共治各参与主体间地位平等、互利合作，无上下级从属关系（Stoker，1998）。

（一）关于社会共治定义的相关研究

社会共治是多元社会主体以社会权利为基石形成的，以民主协商为手段共同治理公共事务，以实现共同利益的行动与过程，是对社会治理理论和共同治理理念的继承和发展（王名等，2014）。2014年政府工作报告首次出现社会共治的概念，强调在国家法治基础上，实行多元主体共同治理社会事务，促进社会和谐发展与不断进步。王名和李健（2014）将社会共治比拟为伞形概念，是多元主体基于共同利益和社会权利的协商博弈，是多重概念的交叉，比单一的治理概念具有更为丰富的内涵。现有文献主要从社会共治方式和主体两个方面进行其定义研究。

（1）治理方式的视角。Ayres和Braithwaite（1992）、Gunningham和Rees（1997）指出，社会共治虽然区别于政府单一管制，是对原有治理模式的延伸和发展，但是仍以政府监管为前提，是政府监管下的社会自治。Yapp和Fairman（2005）认为社会共治不仅是政府监管下的社会自治，也受到其他外部力量的监管。虽然在描述上存在些许差别，但是学者们对于社会共治的定义基本一致，即认为社会共治是自上而下的政府监管和自下而上的社会自治的紧密结合，是一种折中、合作与协商的管理公共事务的模式。但在实际治理过程中，根据不同的治理内容，政府监管与社会自治的合作模式不尽相同，因此社会共治具有多样化和差异化的基本特征。

（2）治理主体的视角。20世纪90年代初期，荷兰政府在政府文件中明确了社会力量与政府部门协作有助于大幅提高国家立法质量，确定了社会共治的辅助性原则。英国政府于2000年将社会共治理念纳入国家通信法案，确保社会各方积极参与社会共治，以形成有效的、各方接受的公共事务治理方案。经合组织（OECD）强调社会共治是政府及其相关机构与企业协调合作，共同进行社会治理、承担相应治理责任的模式。Eijlander（2005）从法律的视角将社会共治定义为政府与非政府力量共同解决特定社会问题的一种混合治理方法，相应地会产生协议、公约、法律等一系列治理共识。尽管国内外学者关于社会共治主体的范围达成一致意见，即政府与非政府力量，非政府力量包含非政府组织、企业、公众及其他组织形式的利益相关者，但国外学者更多地强调社会共治的法律地位，认为社会共治的过程就是政府和非政府力量共同制定法律和治理规则的过程（Rouvière and Caswell，2012）；国内学者则更多地关注社会共治的问题导向，强调监管和治理主体的多元化，以更好地解决存在政府单一治理困境的社会问题（沈贵银、孟祥海，2021；罗良文、马艳芹，2022）。

（二）社会共治在生态环境治理领域的相关研究

随着经济飞速发展与生态环境的矛盾不断升级，越来越多的国家和地区在生态环境治理领域尝试社会共治，多主体治理模式较之单一政府治理模式颇具成效。Zhang 等（2022）指出，文化多元化发展促使人们价值观取向逐渐复杂化，对生态环境的偏好也与以往大相径庭，社会共治模式应运而生，多元价值取向得以整合，有助于完善生态环保法律体系的建设。多元合作的生态环境治理是多方参与者互利共赢的选择，在治理过程中，随着公众参与度提升并从中受益，公众对生态环境保护的意识会增强，对生态环保政策的接受度会提高。任志宏和赵细康（2006）认为多元主体参与生态环境事务治理，是基于契约关系进行生态环境产品供给。公共问题的产生是社会、历史、自然、心理等众多因素的综合结果，既相互纠结又相互缠绕（杨冠琼、刘雯雯，2014）。多元共治体现了整体性理念，是以公众需求为导向、实行协调合作和责任分配的机制，能跨越政府职能单一化的边界，更好地应对碎片化的生态环境治理问题（沈贵银、孟祥海，2021）。明确多元主体参与生态环境治理的职责，符合国家生态文明建设现代化发展的现实需要（昌敦虎等，2022）。

1. 生态环境社会共治的作用与优势

朱锡平（2002）将生态环境定义为准公共产品，认为单一政府治理或市场治理均难以从根本上解决环境治理问题，需要从政府、市场及社会的关系认知入手，利用社会力量实现多元合作共治，促使生态环境保护制度体系日臻完善，以实现生态环境与经济社会的和谐发展。生态环境多元治理从侧面提升了政府行政效率，同时有利于促进社会责任在不同主体间进行优化分配，是提升生态环境治理整体水平和效果的重要途径。Kingston 等（2000）强调提升参与者之间的合作与关联强度，可以解决经济社会与生态环境不协调的问题。

2. 生态环境社会共治的成效与路径

生态环境社会共治的效果受到参与者的偏好、参与路径和方式影响，参与者面对面交流协商能够提高信息输出量，提升环境治理效果。张建政和曾光辉（2006）认为公众参与生态环境社会共治是解决我国生态问题的根本途径，并提出要以明确环境产权、完善环境监督为前提。Bodin 和 Nohrstedt（2016）提出了整合多层次社会网络的路径，以解决自上而下治理模式难以有效管理和保护生态系统的问题。田玉麒和陈果（2020）就跨域生态环境社会共治的可能性和可行性问题进行了探索，认为跨域生态环境的社会共治是必要且可能实现的，但需要建立在合理的理念、法律和制度基础之上。黄德春等（2019）以合作网络理论为基础，对澜沧江—湄公河流域的多元共治的治理效益进行了实证分析，仿真拟合了政府、企业、国际组织和社会公众四方合作机制，认为四方主体积极协作，即政府适当干预、企业合理投入、国际组织和社会公众有效参与，才能减少公共资源浪费、提高环境治理效益。杜焱强等（2019）对不同情境下的 PPP 农村环境治理典型案例进行剖析，认为政府监管对于 PPP 模式下的农村环境治理不可或缺，三方共生需要建立在提高村民净收益（而非政府额外奖励）、降低社会资本守约成本和提升政府监管效率的基础之上。胡溢轩和童志锋（2020）以安吉农村垃圾协同共治模式为例，认为农村环境多元共治的实现要基于生态治理理念的普及、多元参与主体的责任划分、治理工具与技术的变通与应变、治理制度与法规的整合完善四大基本要素。沈贵银和孟祥海（2021）对农村生态环境治理的多元共治体系进行了探索，认为坚持系统治理原则、明确多元共治各参与主体的责任边界、探索多元化的共治模式，才能补齐农村生态环境建设的短板。马贤磊等（2022）认为农村生态资源价值的实现要通过构建与多元治理主体各角色相匹配的治理机制，例如适用于资源规模较小的村集体主导、政府协助的机制；适用于大规模的政府主导、村集体协助的机制。其中，村集体主导的模式建立在非正式规则和经营决策理念之上，而大规模生态资源治理则需要政府层面的统筹、规划及产权重构。

3. 生态环境社会共治的难点与挑战

乔花云等（2017）认为跨境生态环境的协同治理面临治理责任模糊、治理资源分散、地方本位主义的问题，导致治理内聚力不足、效果欠佳。陶国根（2016）认为社会资本在生态环境多元协同共治中发挥着重要作用，传统社会资本逐渐流失与现代社会资本尚未建立双重约束重叠交织的复杂局面，对我国多元主体共同参与生态环境治理构成了现实制约。梁甜甜（2018）认为政府和企业是生态环境社会共治最重要的参与主体，二者分别存在主导控制力不足和治理自主性缺乏的问题，亟待探索协同共治新路径，以保证经济发展、生态环保与社会福利的均衡。詹国彬和陈健鹏（2020）认为提升环境多元共治的成效，面临着各参与主体环境治理权力结构安排缺乏科学性，各主体间信息共享度低、协调性差，企业主体性作用发挥不足，公众等社会力量参与缺乏有效性和有序性，政府监管不够权威等诸多挑战。

四 文献述评

综观上述文献不难发现，随着资源短缺与环境恶化的压力增大，有关农业废弃物资源化利用的研究日益丰富，并且主要集中在以下几个方面：一是对农业废弃物概念、范畴界定及处置不当危害的研究；二是对农业废弃物资源存量、价值潜力进行核算的研究；三是对农业废弃物资源化利用路径及国际经验的研究；四是对农业废弃物资源化利用存在问题的研究。但是涉及畜禽养殖废弃物资源化利用的相关研究存在废弃物定义虽然全面，但研究仅集中于畜禽粪污或碳排放的问题，单一畜种肉牛养殖废弃物资源化利用的相关研究较少。虽然有少数学者对畜禽粪污资源化利用及低碳生产中的农户意愿和行为进行了研究，但是缺乏对农户行为的梳理以及行为之间逻辑关系的探讨，未能结合小农经济的特点从分散和集中利用的角度进行区分，而且关于肉牛养殖户和其他行为主体相互博弈的研究也相对较少。

肉牛养殖废弃物资源化是养殖户用私人成本弥补农业生产负外部性的行为选择。由于现阶段中国畜禽养殖废弃物资源化产品市场发展缓慢，尚不健全，养殖户较难通过市场的方式弥补废弃物资源化过程中个人福利的损失，因此养殖户对于养殖废弃物资源化的积极性并不高，尤其是小规模养殖户。如何激励养殖户参与养殖废弃物资源化，实现农业生产绿色循环发展，是各国政府和研究者关注的重点。

遵循"谁污染、谁治理""谁保护、谁受偿"原则的生态补偿成为国内外多领域环境保护与治理的有效手段。农业生态补偿已被世界各国广泛用于应对农业领域的生态环境问题，发达国家已经形成较为成熟的农业生态补偿机制及模式。但是在中国，除了森林、草原与流域，其他与农业生产相关的生态补偿仍处于起步阶段，相关研究也尚未深入；补偿方式以政府主导的补贴和项目支持为主，农业生态补偿模式创新不足。

中国农业生产以小农为主，肉牛养殖以散养为主，生态补偿单纯依靠政府监管和财政支持难以有效实现。科斯型生态补偿制度虽然克服了政府干预型生态补偿制度中权力寻租、盲目分配、忽视市场需求等缺陷，却因环境物品及生态服务的成本效益评估困难、自愿交易者稀少等现实困境而难以"纯粹"地实现市场化，以欧洲"农业环境计划"（庇古型）和一些发展中国家"补偿致贫"（科斯型）为代表的生态补偿项目都存在较大缺陷。理论探索和实践经验都表明生态补偿机制并不适用于非此即彼的"二分法"，不是政府或市场一方的"独角戏"。社会共治需要政府、公众、社会组织等多方共同参与，如此才能有效应对社会公共事务中的"政府失灵"。结合肉牛生产的小农特点与中国农业经济发展的实际情况，设计肉牛养殖废弃物资源化利用的生态补偿机制十分必要。

| 第二章 |

理论基础与分析框架

第一节 概念界定

一 肉牛养殖废弃物

借鉴孙振钧等（2004）对农业废弃物（Agricultural Residue）的界定，肉牛养殖废弃物可以定义为，在肉牛养殖过程中，产生并被丢弃的残余有机类物质，分为固体、液体、气体三种主要形态。该有机类物质是一种非产品产出，其数量多、危害大但极具资源化潜力。广义的养殖废弃物不仅包括畜禽排泄物，也包括养殖过程中产生的病死畜禽尸体、废弃的农资产品，以及养殖场的生活污水、垃圾。病死畜禽的处理和资源化由各地畜牧管理机构监管，并交由专业焚化厂处理，因此并未纳入本书的研究范围。在计算肉牛养殖废弃物的资源化价值时，由于养殖场生活废弃物难以统计，也并未纳入计量范围。

二 资源化利用行为

资源化利用是将生产过程中产生的废弃物经特殊手段和方法处理后，使废弃物继续产生利用价值或产生新的使用价值的相关措施。肉牛养殖废弃物资源化利用，即通过生态环境保护措施或工程，将肉牛养殖废弃物转化为肥料、能源或种植/养殖基料等（农业）生产、生活的再投入品，实

中国肉牛养殖废弃物资源化利用与生态补偿

现由废弃物向资源化产品转化与循环的行为。

肉牛养殖废弃物中含有植物生长必需的碳、氮、氧等化学元素，其中有机质也是饲养特种经济动物的优良基质，但是资源化之前需要实施进一步无害化处理，避免废弃物中的有害物质带来二次污染或资源化失败造成经济损失，所以资源化利用的前提是通过有氧或厌氧进行无害化处理。

农业农村部对畜禽粪污的资源化利用方式做了约束性说明：排泄物在直接还田利用之前，为了保证安全施肥，防止畜禽粪便中的病菌再次传播，要求对需要还田的畜禽排泄物先进行无害化处理，再资源化还田。因此，严格意义上，未经无害化处理的畜禽粪污直接还田不应被纳入资源化利用范畴。

有关政策也说明了这一点，资源化还田之前需要采取必要的处理措施。相关部门也做了相应要求，2001年国家环境保护总局在《畜禽养殖污染防治管理办法》（国家环境保护总局令第9号）第十四条中定义了畜禽排泄物资源化利用的相关标准和要求，也提出了资源化利用的相关措施。文件指出了畜禽粪污的资源化综合利用方式主要包括4种。第一，肥料化利用，粪污直接还田后，植物实现养分化利用；第二，能源化利用，畜禽粪污通过技术手段发酵后生产沼气，实现能源化利用；第三，提升边际效用，将畜禽粪污加工成有机肥，进一步增加其边际效用；第四，将畜禽粪污加工成再生饲料，提高利用价值。这些方式能够使养殖废弃物产生更多可供再利用的价值。另外，肉牛养殖废弃物还可用作圈舍垫料或与煤渣混合直接用作燃料，这些都是资源化利用的途径，本书第四章将进行详细介绍。

三　生态补偿

生态补偿概念的提出是基于对自然生态系统服务和价值的评估与认可，涉及对生态环境和自然资源破坏与保护行为的界定。生态补偿概念的提出一方面是对生态环境和自然资源价值的认可，另一方面是对人类活动的经济利益行为的规范。

农业生态补偿是生态补偿的重要领域，至今国内外未统一界定农业生态补偿概念，但类似于WTO农业补贴政策的"绿箱"政策，主要是依靠政府机构推动的，是运用行政、法律、经济手段和市场措施，对因保护农业生态环境和改善农业生态系统而牺牲自身利益的个人或组织进行补偿的一种政策安排，在指导农业生产中应遵循"谁保护、谁受益"和"谁投资、谁受偿"的原则。根据生态补偿对象的不同属性特征，将农业生态补偿划分为农业资源资产保护的补偿、农业绿色生产行为的补偿两个类型（周颖等，2021）。

综上所述，本书认为，肉牛养殖废弃物资源化生态补偿，是支持和推动肉牛养殖绿色、可持续发展的政策手段。它以经济补偿为核心，兼具行政、法律手段和市场措施，是给予在肉牛养殖废弃物处理过程中减少环境外溢成本或增加环境外溢效益的资源化行为合理补偿的一种制度安排。

无论采用何种模式的肉牛养殖废弃物资源化，最终产品或部分产品都是通过土地进行转化，因此肉牛养殖废弃物资源化生态补偿既是对耕地资源保护的补偿，同时也是对肉牛养殖户绿色生产行为的补偿。

四 社会共治

社会共治是社会治理理论和共同治理理念的新发展，是多元社会主体在社会权力的基础上共同治理公共事务，通过协商民主等手段发起集体行动以实现共同利益的过程（王名、李健，2014）。在中国，社会共治的概念在2014年的政府工作报告中首次出现，强调通过国家法律方式，实行多元主体共同治理（简称社会共治），进而促进社会的发展与进步。

在本书中，社会共治是指在肉牛养殖废弃物资源化生态补偿机制构建过程中，以政府为主导、养殖户为主体、社会公众共同参与，共同分担养殖废弃物资源化成本、分享资源化生态效益，以实现养殖废弃物资源化有序推进。

第二节 理论基础

一 循环农业理论

（一）循环农业的理论来源

循环经济的思想萌芽于20世纪60年代，英裔美籍经济学家肯尼斯·

鲍尔丁（Kenneth E. Boulding）提出"宇宙飞船经济理论"。Boulding 将人类赖以生存的地球比作宇宙飞船，认为地球及其承载的生命体的运转是以消耗有限的资源为基础的，如同宇宙飞船以消耗有限能源为基础。能源有消耗殆尽之时，"单程式"不合理地开发利用可耗竭的资源，必将使地球走向毁灭。只有以"循环式经济"代替"单程式线性经济"，改变机械论规律主导下的经济活动，遵循以反馈为特征的生态学规律，才能走出环境污染和资源枯竭的困境，使地球文明得以延续。同时期，美国海洋生物学家蕾切尔·卡逊（Rachel Carson）在其著作《寂静的春天》中生动而严肃地描绘了化学制品给环境造成的难以逆转的污染和破坏，预警人类生存和地球生态面临的危机，在世界范围内引领了环境保护运动的思潮。循环经济（Circular Economy）的概念最早由英国学者戴维·皮尔斯（David Pearce）和凯利·特纳（Kerry Turner）在《自然资源与环境经济学》（1990 年）中明确提出。1992 年联合国环境与发展会议（UNCED）通过并签署《里约环境与发展宣言》和《21 世纪议程》，各国政府、非政府组织通力合作，明确推行可持续发展理念，以实现资源合理利用，维持、保护和恢复地球生态系统的健康和完整。发展循环经济逐渐成为全球范围内人类开展各项经济活动的行动蓝图。

循环经济的本质是一场传统技术范式的革命，是经济、社会和环境整合发展的新思想，它改变了传统经济依靠投入的外延式增长模式而转向内涵式发展（尹昌斌、周颖，2008）。虽然 20 世纪 90 年代初我国才逐步引入循环经济思想，循环农业理论也由此建立并发展完善，但是循环经济的生产方式却贯穿中华民族和中华文明上下五千年，被美国学者富兰克林·H. 金（Franklin H. King）称为"四千年农夫"的智慧结晶。中国农耕文明历经四千余年，在朴素循环经济思想的指导下，种养结合、精耕细作、地力常新，实现永续发展，用有限的土地承载和延续了一代又一代的生命，用智慧化解了高密度人口和稀缺资源之间的矛盾。

循环农业理论是循环经济理论在农业生产领域实践应用过程中产生和发展起来的理论。它将"石油农业"的"资源—农产品—废物排放"线性增长模式，在可持续发展理念的指导下，利用再生原理和物质多层次利用技术，转变为"资源—农产品—再生资源"的闭环式现代农业发展模式，充分体现了对传统农业和中华文明的继承与发展，也是农业生产与资源环境协调发展的新的具体形态，并演化出多种多样的实践模式。

（二）循环农业的定义和内涵

循环农业，是指在农业生态系统中倡导各种生产要素往复多层与高效流动的农作方式，同时实现节能减排与增收的双重目的，从而推动现代农业和农村乃至整个社会的可持续发展。

郭铁民和王永龙（2004）、尹昌斌和周颖（2008）认为，循环农业是以可持续发展理念为核心，通过农业技术创新和组织方式变革，实现农业生态系统内部结构优化，协调人口、资源、环境关系的农业经济增长的新方式，是充分体现循环经济思想的农业产业发展和增长的新方式、新策略。循环农业在充分利用生物质资源的基础上，实现了产业系统内物质能量的多级循环，延伸了农业产业链条、增值产业链，极大地减少了废弃物的产生，减小了生态环境的负面影响。

循环农业是国民经济循环系统下的一个子系统，它将农业生产和经济增长单一地依靠资源投入和消耗的线性模式，转变为遵从和利用生态系统中物质循环原理的环状模式，严格控制外部有害物质的投入，使上一生产环节的废弃物转化为下一环节的投入品，即再生资源，实现资源的反馈与流转。

从中国传统农业传承的朴素农业发展的视角看，循环农业并不陌生，现代循环农业的发展可以从传统农业发展的实践中汲取丰富多元的思想。现代循环农业之所以被称为新型的农业发展方式，是因为其在现代生态学及生态技术的武装下，在科学理论和技术的指导下建立了新型农业发展及农业经济增长和农村生态环境优化的动态均衡机制。在循环农业生产过程中，农业产业结构的改变带来了农业生态系统结构的改变。循环农业以投入品无害化的清洁生产为开端，使废弃物无害化、资源化，在资源优化配置的同时，延伸产业链并使之形成完整闭合的网状产业链。

（三）循环农业的特征与发展机制

循环农业最本质的特征是资源节约与农业生物质资源的多层级利用。

资源节约是农业永续发展的基础；多层级利用减小了农业生产副产物对环境的影响，并形成副产物资源化的新的产业链环节，其产生的"新产品"再次反馈至农业生产过程中。由这种"资源—农产品—农业废弃物—再生资源"的反馈式流程（尹昌斌、周颖，2008）指导的农业生产，遵循物质流转规律，能最大限度地开发和利用农业生物质资源，降低农业生产资源消耗及其废弃物污染的外部性。生物质资源在农业生产各环节之间搭建起桥梁，实现产业链耦合链接和网状相互依存，延长了农业清洁生产的产业链，满足了农民增收、农村人居环境改善的现实需求。循环农业是农业经济由粗放外延型——高投入、高产出增长方式，转向生产要素生产率提高的集约内涵型增长方式的内在需要，也是解决农业发展资源约束的现实问题的重要选择。

循环农业遵循循环经济 3R 原则，即减量化（Reduce）、再利用（Reuse）、再循环（Recycle）。虽然季昆森（2004）等学者在 3R 原则基础上，对循环经济理论进行了丰富和发展，形成 4R 原则（Reduce、Reuse、Recycle、Replace）、5R 原则（Rejection、Reduce、Reuse、Recycle、Regeneration），但其根本目的和发展机制仍未改变。循环农业的根本目的是减少农业生产中的资源投入和系统内的废弃物产生量，发展机制表现为"农业生产资源投入—产出产成品—农业废弃物再利用"。值得注意的是，3R 原则的重要性是有科学排序依据的。减量化指农业生产领域输入端的物质量，即节流，控制投入应从废弃物产生的源头着手；再利用指延长投入资源在农业生产过程中的使用"寿命"，对于生产源头难以缩减的投入，提高单位产出资源利用率；再循环则是为了实现农业生产废弃物再次资源化，使农业生产输出端最小化。遵循农业生产的流程，3R 原则的优先级排序依次是减量化（生产端）—再利用（生产过程）—再循环（输出端）。废弃物的循环利用、废弃物产生量的减少，是经济社会与生态环境协调发展进步的表现，也是循环经济发展"质"的飞跃。循环农业发展从源头控制资源消耗，不仅促进了资源利用率的提升，也相应地减少了农业废弃物的产生，减轻了环境负担，降低了废弃物处理成本。

（四）对本书的启示

广义的循环农业具有"内生"和"外生"两个循环系统。内生循环是指农业生产部门内部的生态系统闭合循环。它可以是同一农业产业内部的小循环，例如在肉牛养殖废弃物资源化利用的清洁回用模式中，肉牛粪便垫料化回用，实现了肉牛养殖内部小循环；也可以是不同农业产业间的跨产业循环，例如种养结合，即形成了种植业和养殖业闭合式系统内的大循环，从农作物选种—育苗—收获到农作物产品及其废弃物饲料化生产，再到畜禽养殖及其废弃物堆肥并回归农田，在降低废弃物污染排放的同时，提高了生态环境的废弃物消纳能力。外生循环则不局限于农业生产部门内部，而是放眼自然—人类—社会，由汲取自然资源的农业生产融合工业和第三产业，向社会各产业部门开放，从而使资源循环利用的外部闭合式大循环。生物制成品行业的有机肥生产及其销售，链接了第一、第二、第三产业，集中体现了系统自然、人工自然和生态自然的融合。肉牛养殖废弃物资源化价值高、利用方式多样，诠释了农业内生循环和外生循环的统一。

按照循环经济 3R 原则的优先级，近年来肉牛养殖废弃物资源化利用将减量化优先纳入考量。源头减量模式是指从肉牛饲喂源头优化饲料配比投入，减少抗生素、重金属等的使用，是资源化利用不可或缺的环节之一。

二 外部性理论

外部性理论被认为是现代环境经济学的基础（崔宇明、常云昆，2007；郑云辰，2019），外部性是环境问题产生的根源（蓝虹，2004；刘梅等，2008；胡仪元，2010）。

（一）外部性理论的基本内容

任何经济行为的影响都具有两面性，是不完美的，特别是当生产的产品具有公共物品属性时，生产过程中存在私人成本和社会成本不一致、私人价值和社会价值不匹配、私人收益与社会收益不对等，外部性随之产生。外部性（External）的概念是由英国经济学家马歇尔及其弟子庇古提出的，外部性理论的演进可以划分为五个阶段（黄敬宝，2006）。

1. 马歇尔的外部经济理论

作为新古典经济学派的代表，马歇尔（A. Marshall）在其著作《经济学原理》（1890年）中首次提出了"外部经济"的概念，它被认为是外部性概念的雏形。他将"外部经济"描述为依赖产业普遍发展的生产规模的扩大。企业的普遍发展与除企业自身外的市场区位和容量、相关企业发展水平、交通运输等多方面因素相关，这些外部因素促使生产费用减少、效益提升，是企业外部分工带来的效率提升（沈满洪、何灵巧，2002）。

2. 庇古的外部性理论

庇古（A. C. Pigou）在其著作《福利经济学》（1920年）中对其老师马歇尔的外部经济理论进行了扩充，首次提出了"外部不经济"的概念，使外部性问题的相关研究不再局限于外部因素之于企业，逐步扩展至企业或居民的经济生产及行为对其他企业或居民的影响，阐释和解构了边际私人成本（收益）与边际社会成本（收益）的差异（见图2-1）。当边际社会收益大于边际私人收益时，二者之差即为边际外部收益，该生产行为能为社会带来有益影响，即正外部效应，又称为外部经济（External Economy）；反之，当边际社会成本大于边际私人成本时，二者之差即为边际外部成本，该生产行为会对社会造成一定危害，即负外部效应，也称为外部

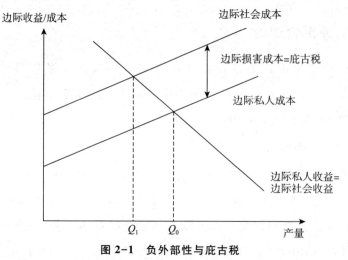

图2-1　负外部性与庇古税

不经济（External Diseconomy）。正、负外部性会导致社会最优产出与私人最优产出不一致，脱离最有效生产状态，无法实现资源配置的帕累托最优，即"市场失灵"。庇古认为，外部性的存在，决定了社会福利最大化不可能在自由竞争市场下实现，需要政府介入调节，制定适当的经济政策，将外部性内部化，对正外部性生产行为奖补、对负外部性行为征税（见图2-2）。这种调节外部性的政策被称为"庇古税"，被各国广泛应用于经济政策之中，尤其是生态环境相关的政策，"谁污染、谁治理""谁保护、谁受偿"的生态补偿机制也是庇古理论应用的具体体现。

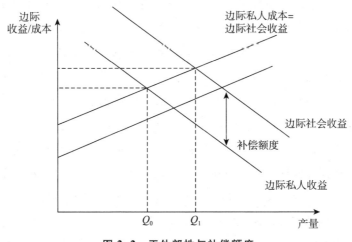

图 2-2　正外部性与补偿额度

3. 杨格的外部性理论

杨格（A. Young）进一步丰富了外部性理论，即动态外部经济，在《报酬递增与经济进步》（1928 年）中阐述了这一思想：产业发展促进劳动分工，促使从事新活动的厂商产生，并为其他厂商提供资金、设备等相关服务。这种与货币外部经济相关的、通过分工产生的自我繁殖机制给经济增长带来的影响，也被称为金融外部性。姜进章和文祥（1999）认为杨格阐述的"分工取决于分工"的观点，为动态发展的增长经济学构建了理论框架。

4. 鲍莫尔的外部性理论

美国经济学家鲍莫尔（W. Baumol）继承并发展了庇古和杨格的部分

思想，对外部性理论进行了综合性研究。鲍莫尔认为个人就业状况会对他人的就业产生影响，非自愿失业的效率损失会对其他社会成员产生外部影响；个人福利的最大化可能存在于个人与他人的协调活动中，即外部性在经济问题的动态处理过程中产生。鲍莫尔虽然赞同通过奖补和税收制度解决外部性问题，但并不认为政府监管代替市场机制必然有效。

5. 二战后的外部性理论

二战后的外部性理论分别沿着外部性的正、负两个方向发展。探讨负外部性内部化途径的代表性人物为新制度经济学的鼻祖科斯（R. H. Coase），他认为解决外部性问题需要依靠市场手段，遵从社会总收益最大化或成本最小化的原则，而非仅局限于私人成本与社会成本的比较。科斯指出庇古税并非必要，特别是当产权明晰且交易费用为零时，自愿协商就能实现帕累托最优，达到庇古税的效果；但是当交易费用不为零时，则需要借助政策手段。戴尔斯（P. Davis）则认为政府是环境的拥有者，环境外部性内部化要结合市场机制和政府干预。阿罗（K. J. Arrow）提出了创造附加市场促使外部性内部化的主张，探讨了以交易成本内生于市场为前提的"市场失灵"与外部性问题，认为外部性是"市场失灵"的子集。正外部性理论的发展主要体现在以人力资本正外部性为基础的新经济增长理论，代表人物为罗默（Paul M. Romer）。罗默构建了知识溢出模型，认为总知识水平为外部性的来源，规模收益递增即为知识的溢出效应。卢卡斯（Robert Lucas）将人力资本的外部效应视为促进经济增长的重要因素，认为拥有特殊劳动技能的专业人力资本是经济增长的发动机。

（二）基于生态环境视角的外部性理论

19世纪70年代，外部性理论与环境经济学开始出现交集，某种意义上，外部性几乎成为部分经济学家心中环境污染的代名词。福利经济学、交易成本理论、产权理论等成为环境经济学的理论基础，将外部性内部化成为环境经济学研究的最重要目标。外部性的存在使生态破坏、环境污染生成的外部（社会）成本，以及环境保护、污染治理等带来的外部（社会）收益没有得到充分体现，无偿享受环境保护正外部性的"搭便车"行为致使微观主体的正向环境行为较少，生态服务有效供给不足问题加剧；

相应地，环境污染行为的惩处力度有限、监管缺失，微观主体逐利行为致使负外部性行为常态化，资源过度消耗致使"公地悲剧"频现。

泰坦伯格（Tom H. Tietenberg）认为对环境污染外部性负责的价格过低，市场没有动机促使生产者降低单位产品产污量或鼓励污染物的资源化。金书秦等（2010）认为外部性同时具有外部关系和市场外的事实效应，即环境外部性是通过外部关系传递的环境效应，产生的根源是环境效应未经过市场交易，没有形成相应的价格机制。他们从"外部关系"的复杂程度与"环境效应"的大小两个维度辨析了环境问题；与传统外部性内部化是以消除外部关系为中心的观点相反，他们认为环境政策目标的确定首先应消除环境效应，在此基础上消除外部关系。

（三）对本书的启示

农业生产的外部性是显而易见的。肉牛养殖过程中，除了保持生物多样性、使适量肉牛粪污合理还田以增强地力外，肉牛养殖废弃物给环境带来了较大的负外部性影响，比如肉牛粪污臭气和温室气体污染、面源污染以及病死牛所致的病菌传播等。

因此，对于肉牛养殖废弃物资源化利用行为和意愿的分析，应该从降低环境外部性的角度出发。虽然近年来国家屡屡出台倡导畜禽粪便资源化利用和农业绿色、可持续发展的相关政策、法律法规，但是广大农户，特别是肉牛散养户对于利用科学、环保的方式处置肉牛养殖废弃物的意愿仍较低、认知程度较差，使得废弃物进入生态环境系统的恶性循环现象仍未改善，同时还造成生物质资源浪费，肉牛养殖所带来的环境负外部性问题未得到有效解决。采用一定的补偿措施来对肉牛养殖废弃物资源化利用行为进行激励，是一种通过转移支付将外部性问题内部化的方法，确定生态补偿标准其实就是对边际损害成本的量化。

三 公共产品理论

（一）公共产品理论的演进

1. 公共产品理论的思想溯源

公共产品理论也被称为公共物品理论，最早可以追溯到古希腊哲学家亚里士多德对国家起源的论述，即城邦或政治共同体的最终目的都是至善。启蒙运动代表思想家霍布斯（Thomas Hobbes）的社会契约思想通过阐释国家为人民提供公共产品的基本职能，成为后世公共产品理论的起源与核心本质。霍布斯认为政府或集体之所以要为公共产品负责，是因为公共产品产生的效用由国家和民众共享，但供给、享受和维护权益存在难度。大卫·休谟（David Hume）对公共产品供给的思想进行了更进一步的探索，认为当集体人数较少时，集体中的个人可以为了共同利益达成共同提供集体消费品的共识，但当人数足够多时，多数人有将社会责任加诸他人的动机，产生"搭便车"行为，该思想至今仍是公共产品理论的核心议题（陈冠南，2021）。亚当·斯密（Adam Smith）对于公共产品理论的发展贡献了许多经典论述，特别是国防、法治、公共工程等涉及国家和整个社会运转的具体公共产品的论述，将公共产品具象化。更进一步地，斯密还对公共产品供给的层次性（全国性、地方性）、供给方式（直接或间接）和供给效率等做了详细的论述。穆勒（John S. Mill）注重政府和公共资源的关系研究，认为公共资源由政府支配，以公共支出的名义为公民提供服务，强调教育支出特别是基础的初等教育，应是财政支出的重要组成部分。公共产品理论发展成系统性的学术理论源于奥意学派经济学家潘塔莱奥尼（Maffeo Pantaleoni）在财政学领域的研究，他是对国家财政与公共支出进行明确区分的第一人，依据边际效用为公共支出制定了详尽的划分标准，并认为国民享有对国家公共支出安排的监督权。

通过对早期公共产品理论的思想溯源研究可以看出，虽然"公共产品"这一学术专有名词尚未诞生，更没有标准的定义，但思想家们对国家职能与公共产品的关系、公共产品的属性和特征进行了归纳：但凡能够供集体共享、消费、受益的公共项目、设施及工程，且通常由政府供给，才能被认定为公共产品。

2. 公共产品理论的形成

新古典综合学派代表人物萨缪尔森（P. A. Samuelson）被认为是对公共产品定义、内涵和特征做出系统、完整阐释的学者。他指出公共产品（Public Goods）是与私人产品（Private Goods）相对应的产品，是由公共部门提供的、满足社会公共生产生活需求的产品和服务。与按市场价格支付后具有消费排他性的私人产品不同，公共产品具有消费上的非排他性、非竞争性和不可分割性，即社会中任何人对公共产品的消费都不影响社会中其他人同等的消费。非排他性决定了公共产品不能阻止不付费者的消费，非竞争性则意味着增加消费者不会引起公共产品成本的增加。除了给出沿用至今的公共产品的经典定义外，萨缪尔森还对公共产品的配置进行了探索，即只考虑公共产品的局部均衡和包含私人产品、公共产品等所有产品市场的一般均衡，将数学方法引入经济研究，极大地丰富了公共产品理论。

3. 公共产品理论的发展成熟

萨缪尔森对公共产品进行经典定义之后，布坎南（James Buchanan）、戈尔丁（W. Golding）、科斯、马斯格雷夫（R. Musgrave）、斯蒂格利茨（J. E. Stiglitz）、蒂布特（C. Tiebout）等经济学家对公共产品理论进行了多方面的探索和完善。

布坎南提出了介于纯公共产品和私人产品之间的"俱乐部产品"的概念，认为"俱乐部"组织供给的产品对于俱乐部成员来说是平等且排他的。这一思想将公共产品一般化，揭示了私人产品演化为公共产品的路径与机理。同时，俱乐部理论认为，公共产品由政府单一主体供给不一定是最优的，为提高公共产品供给效率提供了新的思路。戈尔丁认为公共产品的判定标准为自由市场经济中是否能够通过市场机制将"尚未"付费的消费者排除，无法排除则为公共产品；以进入方式的"选择性"为切入点，为后世摆脱公共产品的"拥挤"困境开拓了新的视角。科斯在研究英国灯塔制度时提出了"灯塔服务可以由私人提供"的观念，认为在政府对公共产品进行确权的前提下，可以保证私人供给公共产品的效率与质量。马斯格雷夫的公共经济学指出，公共产品是可以自愿交换的，交换过程的价值和价格决定机制遵循市场规律，认为税收将公共产品和纳税人联系起来，其本质就是纳税人对公共产品和服务的边际效用的和。斯蒂格利茨认为萨缪尔森对于公共产品的定义仅适用于极端特殊的状况，提出了"纯公共产品"的概念，认为现实中人们消费的商品大多介于纯公共产品和纯私人产品之间。蒂布特沿着布坎南的研究思路，构建了地方公共产品模型，提出了同一社区的居民对于公共产品的消费偏好具有一致性的观点。

随着公共产品理论的丰富完善，现代公共产品理论领域的相关研究更注重规范研究和实证研究的融合与创新。经济全球化促使学者们着眼于气候、环境、生物多样性、疫病和武装冲突等世界范围内的公共产品，注重研究公共产品供给现实难题的多元化解决路径。

（二）公共产品理论在农业生态环境领域的发展

生态环境具有准公共产品的性质，在消费上具有非竞争性、非排他性及不可分割性。农业高速发展所带来的环境负外部性严重影响着生态环境的供给，农业生产与生态环境建设矛盾加剧。农业自身及其从业主体的弱质性，使得农业生态环境保护缺乏驱动力（邓茜、曾建霞，2020）。从业主体承担农业生态环境供给义务的意愿低下，供给严重不足，农业生态环境恶化加剧。理论和实践证明，生态补偿机制（生态环境服务付费机制）的建立是将农业生产外部性内部化、满足人们对环境这一公共产品需求的有效手段，通过量化生态环境这一公共产品供给者、消费者的利益边界，让受益者付费、破坏者补偿的激励供给机制，有效弥补了公共产品在市场供给中的缺位（吴中全，2021）。国外特别是发达国家的农业生态环境供给多以市场机制为主、政府监管为辅，实施生态环境付费；国内的生态补偿机制则以政府财政转移支付供给为主，对市场供给机制进行了初探。

（三）对本书的启示

农业废弃物资源化市场价值的实现存在困境，不仅源于农业废弃物外部性，也是由农业资源环境的公共产品属性决定的。肉牛养殖废弃物资源化在将肉牛养殖带来的环境负外部性内部化以降低环境危害的同时，也加强了资源化产品的循环利用，为生态环境公共产品的供给做出了贡献。中国肉牛养殖户以散养户为主，从业主体多而分散，由政府补偿主导的传统生态补偿机制对于肉牛养殖废弃物资源化存在低效率的可能。如何培育肉牛养殖户的生态行为，保证农业生态环境这一公共产品的供给值得进一步探索。

四　多中心治理理论

(一) 多中心治理理论的起源

"多中心"的早期含义指资本主义利润来源于生产、市场、消费等多个中心 (Polanyi, 1951)。这一概念是对公共管理秩序的重构,即重构了一种相对自由的秩序,确保每一中心具有一定的话语权,而不是国家单一的统治与管制。美国政治经济学家奥斯特罗姆夫妇 (V. Ostrom 和 E. Ostrom) 将"多中心"理念引入社会公共事务治理领域,提倡通过合作治理引导民主参与,提高公共决策的民主性,打破"囚徒困境",减少"搭便车"行为,化解"公地悲剧",实现社会共治。

(二) 多中心治理理论的内涵

多中心治理理论,是奥斯特罗姆夫妇在批判性总结公共事务治理三大模型(哈丁的"公地悲剧"模型、奥尔森的"搭便车"模型和图克的"囚徒困境"模型)的基础上,提出的解决公共产品供给问题的相关理论。奥斯特罗姆认为个体理性下的策略选择导致了集体的非理性,若没有明确制定资源使用者和管理者权利义务的相关规则制度,资源退化与枯竭不可避免。因此,多中心治理理论否定单一中心的治理垄断性和集权性,强调各中心以沟通协商和良性竞争原则应对冲突矛盾,充分发挥各中心决策权,提高公共产品供给水平。孔繁斌 (2008) 对多中心治理模式的内涵进行了较为全面的剖析 (见图 2-3)。

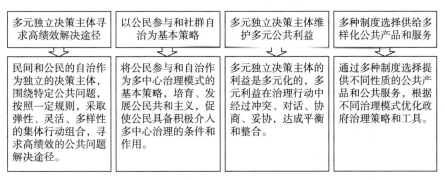

多元独立决策主体寻求高绩效解决途径	以公民参与和社群自治为基本策略	多元独立决策主体维护多元公共利益	多种制度选择供给多样化公共产品和服务
民间和公民的自治作为独立的决策主体,围绕特定公共问题,按照一定规则,采取弹性、灵活、多样性的集体行动组合,寻求高绩效的公共问题解决途径。	将公民参与和自治作为多中心治理模式的基本策略,培育、发展公民共和主义,促使公民具备积极介入多中心治理的条件和作用。	多元独立决策主体的利益是多元化的,多元利益在治理行动中经过冲突、对话、协商、妥协,达成平衡和整合。	通过多种制度选择提供不同性质的公共产品和公共服务,根据不同治理模式优化政府治理策略和工具。

图 2-3　多中心治理模式的内涵

（三）对本书的启示

肉牛养殖废弃物资源化的过程，也是其负—正外部性转化的过程。肉牛养殖户在支付资源化成本的同时，也提供了生态产品。肉牛产品及其消费者也是肉牛养殖废弃物资源化所创造生态价值的无偿享受者；政府部门是公共事务的管理者，负有提供生态公共产品的责任和义务，肉牛养殖废弃物资源化具有生态效益，属于公共产品的范畴。但是，中国肉牛养殖废弃物的治理，始终表现为"政府监管养殖从业者"的二元模式。

肉牛养殖废弃物资源化行为不仅有利于养殖健康环境的维护、降低养殖疫病风险，使资源化产品进入农业生态系统，形成物质循环闭环，更有利于整个生态环境可持续发展的维护。生态环境属于公共物品，具有消费拥挤、使用过度、供给不足的特征，因此肉牛养殖废弃物资源化问题也具有社会公共事务的性质，其治理及资源化的低效率，不仅是肉牛养殖户的"违规困局"，也是政府监管部门的"监管困局"，更是社会系统的失灵，需要社会共治、公众参与。

作为环境利益直接相关者之一的社会公众，特别是肉牛产品消费者，长期被排除在养殖废弃物治理环节之外。本质上，消费者向养殖户支付一定的养殖废弃物资源化费用，可以看作环境治理成本的部分转移或转嫁，更是维护自身环境利益、参与公共事务、承担社会责任的体现。构建由消费者参与的养殖废弃物资源化共治制度有可能成为解决资源环境保护问题的有效思路。

第三节　分析框架

本节基于对相关概念的界定和理论分析，构建本书的研究框架。

在传统农业活动中，肉牛养殖废弃物一直作为一种投入要素，即通过厩肥的原始生产方式转化为种植业的投入要素。这种将废弃物转化为促进土壤肥力保持的朴素循环农业生产方式，完成了从废弃物到生态资源的转化，实现了养殖废弃物负外部性的正向转化，维持了生态平衡，达到了农业生产与生态资源保护的均衡状态。肉牛是单体体积最大的家畜动物，单位养殖废弃物产生体量最大，因食草为主、多胃消化的生物特性，肉牛养殖废弃物资源化利用途径较其他畜种更为广泛，资源化价值实现存在很大潜力。因此，基于外部性理论，核算中国肉牛养殖废弃物的实物量和不同资源化途径下存在的价值潜力，既解释了肉牛养殖废弃物资源化利用的必要性，也是构建生态补偿机制的前提和基础。

随着种植业、养殖业的高速发展，养殖废弃物虽然大量增加，但是难以满足种植业肥料数量和肥效的需求。另外，农业高效发展的需要，使得相对复杂的养殖废弃物资源化遭到摒弃，越来越多的养殖户不愿意付出"血汗"去换取废弃物资源化为个人带来的"微薄收益"，即私人收益难以弥补养殖废弃物资源化付出成本造成的经济损失，使得肉牛养殖废弃物成为农业面源污染的主要来源之一，负外部性凸显，肉牛养殖废弃物资源化陷入困境。然而，肉牛养殖废弃物资源化在提供资源化产品的同时，也为社会供给了具有公共物品属性的良好生态环境，资源化行为带来的社会收益明显大于社会成本。

肉牛养殖户是养殖废弃物资源化的直接行为主体，却不是废弃物资源化的唯一利益相关者。政府部门是公共事务的管理者，负有提供生态公共产品的责任和义务。然而，由于中国肉牛养殖仍以非规模化养殖为主，监管分散的小规模养殖户，无疑增加了政府等相关部门的行政成本，且效率低下；与监管存在同样困境的是补贴资金的来源，单一的政府财政支出难以满足千千万万个非规模化肉牛养殖户资源化行为的补偿需要，导致"政府失灵"。肉牛养殖废弃物资源化的公共物品属性，使其具有消费拥挤、使用过度、供给不足的特征。肉牛养殖废弃物资源化的低效率，不仅是肉牛养殖户的"违规困局"，也是政府监管部门的"监管困局"，更是社会系统的失灵。肉牛消费者既创造了消费需求，也是肉牛养殖废弃物资源化所创造生态价值的无偿享受者。因此，基于公共物品理论，本书试图引导以肉牛消费者为代表的、社会公众参与的肉牛养殖废弃物资源化利用，运用博弈分析方法，进行肉牛养殖废弃物资源化相关利益主体的博弈分析，以打破肉牛养殖废弃物资源化利用面临的困境。

生态补偿作为一种经济激励手段，被逐渐运用到农业面源污染治理的各个领域，通过利益再分配的方式引导生态受益者为环境付费、弥补生态保护者的经济损失，从而实现生态环境保护利益相关者之间的福利均衡。基于多中心治理理论和博弈分析的均衡结果，将政府—养殖户—公众共同纳入生态补偿机制设计，通过选择实验法，运用离散选择模型，从社会共治视角分别测算肉牛养殖户和肉牛消费者参与肉牛养殖废弃物资源化利用的受偿意愿和支付意愿，探索将公众参与纳入政府主导下的生态补偿路径之中，促进政府—养殖户—公众生态成本共担、生态效益共享的利益机制的形成，在此基础上构建并优化肉牛养殖废弃物资源化利用的生态补偿机制。

综上所述，本书的研究框架如图 2-4 所示。

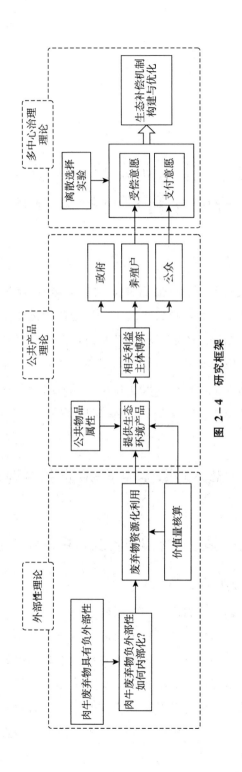

图 2-4 研究框架

| 第三章 |

中国肉牛养殖业发展及养殖废弃物资源化利用的政策沿革

肉牛产业是极具发展潜力的畜牧产业，随着牛肉消费需求的不断攀升，国内消费者对牛肉及其制品的供应，无论在数量还是在质量上的要求都越来越高，随之而来的环境问题也日益凸显。肉牛养殖是肉牛产业的上游环节，肉牛养殖废弃物的不当处理是制约整个肉牛产业绿色可持续发展的重要因素。中国肉牛养殖业发展在波动中稳定增长，养殖废弃物的规模庞大，成为政府部门指导农业生产时关注的重点问题。

第一节 中国肉牛养殖业发展现状

一 中国肉牛养殖业发展历程及其在畜牧业中的地位

（一）中国肉牛养殖业发展历程

中国农业发展起源于新旧石器时代的更迭，狩猎和采集教授了人们植物种植和动物驯养，牛作为最早被驯化的"六畜"之一，其饲喂的历史至少有六千年之久，中国北方草原地区或许更为悠久。但是在铁器农具的发明之前，饲喂牛的最终用途仅限于陆上交通工具或宗教祭祀供奉；进入农耕文明后，牛与铁器作为重要的农业生产资料，成为农业进步的标志，极大地提升了农业生产率，汉朝时牛耕已得到广泛应用，直至新中国成立初期，牛的养殖为满足农业生产的动力需求做出了重大贡献。

随着改革开放加速社会经济进步，役用为主、肉用为辅的养牛业发展格局开始转变，本节结合肉牛年末存栏量、出栏量及牛肉产量（见图 3-1），将中国肉牛养殖业发展划分为三个阶段：1980~1990 年的发展起步期；1991~2006 年的高速增长期；2007 年至今的稳步发展期。

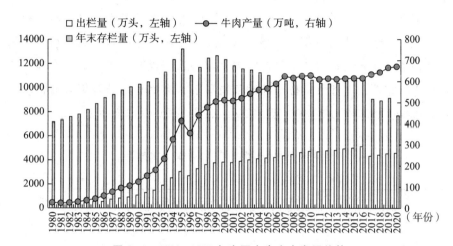

图 3-1　1980~2020 年中国肉牛生产发展趋势

资料来源：《中国畜牧兽医年鉴》（1981~2021 年）。

1. 1980~1990 年：发展起步期

《国务院关于保护耕牛和调整屠宰政策的通知》（1979 年）的颁布可以看作中国肉牛养殖业发展的开端。统计数据表明，1990 年中国肉牛出栏量约为 1980 年的 3.3 倍，牛肉产量更是 1980 年的近 5 倍（据表 3-1 计算），是改革开放以来发展较快的畜牧产业之一（张越杰、田露，2010）。

表 3-1　1980 年和 1990 年肉牛生产状况

指标	1980 年	1990 年	增长率（%）
出栏量（万头）	332.2	1088.3	227.6
牛肉产量（万吨）	26.9	125.6	366.9

资料来源：国家统计局。

2. 1991~2006 年：高速增长期

20 世纪 90 年代起，中国肉牛养殖业进入快速发展时期。1992 年国家扶持农业部推广的"秸秆养畜"项目推动了肉牛养殖业的发展，并于2006年超越日本，成为仅次于美国和巴西的世界第三大牛肉生产国。这一阶段中国肉牛存栏量出现了波动，2000年前波动增长并于1995年达到峰值，之后则持续下降，出栏量总体呈增长趋势，这与国内牛肉消费量的增长密切相关。联合国粮食及农业组织（FAO）数据显示，1997年中国牛肉贸易进口量首次超过出口量（见表3-2），中国肉牛养殖无法满足国内牛肉消费需求。由图3-1可以看出，这一时期中国牛肉产量的增速明显比肉牛出栏量的增长速度快，肉牛养殖育肥技术水平快速提升，肉牛头均产肉量增长较快。在重视良种研发推广的政策指导下，肉牛养殖效益提升取得了一定的成绩，2000年头均产肉量（129.41kg）比1990年增加了14kg。

表3-2　1995~2000年中国牛肉贸易概况

单位：千吨

指标	1995年	1996年	1997年	1998年	1999年	2000年
出口量	106.1	84.8	84.6	77.5	47.3	45.9
进口量	75.9	67.8	85.6	82.5	95.2	87.3

资料来源：FAO。

3.2007年至今：稳步发展期

这一时期中国牛肉产量稳步增长，但肉牛养殖存栏量呈波动式下降，特别是2016年后，肉牛年末存栏量断崖式下滑。虽然牛肉价格不断攀升，但农村居民职业构成多元化和人口老龄化等多方面原因，使得肉牛养殖户数量递减，制约着中国肉牛养殖业的发展。

从养殖规模来看，中国肉牛养殖始终以非规模养殖户为主，特别是年出栏量在10头以下的散养户一直是中国肉牛养殖的主体，虽然退出肉牛养殖的散养户逐年增加，但2020年出栏1~9头肉牛养殖户占比仍高达93.46%；年出栏10~49头养殖户占比数量虽不断增加，但绝对数值变化并不大（见图3-2）。因此在短时间内，中国肉牛养殖以散养为主的格局难以发生改变，大规模散养户仍是中国肉牛产业供给主体，是肉牛养殖废弃物资源化利用的实施主体。

图 3-2　2011~2020 年中国肉牛养殖户规模变化

注：图中数字指其占比。

资料来源：根据《中国畜牧兽医年鉴》（2012~2021 年）数据计算整理。

（二）中国肉牛养殖业在畜牧业中的地位

在城乡居民收入水平不断提高，且收入差距趋于缩小的背景下，中国居民食物消费升级，饮食观念变化，消费结构也由解决温饱问题向营养均衡转变，对于谷物及其制品的粮食消费的比重下降，对肉蛋奶等畜产品消费需求增加，畜牧业发展迅速，各类畜禽肉类产量处于较高水平，且呈现多元化特点。近十年，受消费习惯及价格因素影响，猪肉仍是畜禽肉类的第一大产量畜种，但是其产量占比不断下降；禽肉的价格优势使其产量增长快速；牛肉产量在 2017 年略有下降，之后保持稳定增长（见表 3-3）。随着营养健康知识的普及，蛋白质含量高、脂肪和胆固醇含量较低的牛肉越来越受到居民的青睐。从城乡居民消费情况来看，农村居民人均肉类消费量增速远高于城镇，其中 1990~2020 年城乡居民猪肉消费增幅分别为 22.7% 和 103.54%，牛羊肉的消费增幅分别为 27.27% 和 175%。从绝对数值来看，城乡居民的牛肉与猪肉消费量仍存在较大差距，消费结构的不断优化势必会缩小这一差距，牛肉消费需求还存在很大的上升空间。虽然主要肉类生产难以满足国内消费需求，但是猪肉自给率相对较高，禽肉新增需求基本可以实现国内自给，牛羊肉特别是牛肉自给率最低，供需缺口最大（韩磊, 2020）。国际市场的牛肉供给作为一种重要调节手段必不可少, 但是"端稳饭碗"更需要依靠国内肉牛养殖业的健康、稳定发展。与生猪、肉禽养殖业发展水平相比, 肉牛养殖业规模化、专业化水平较低, 属于相对弱质产业。

表 3-3　2011~2020 年各种肉类产量及其占比

单位: 万吨, %

年份	肉类产量	牛肉		猪肉		羊肉		禽肉	
		产量	占比	产量	占比	产量	占比	产量	占比
2011	7957.8	647.5	8.14	5053.1	63.50	398.9	5.01	1708.8	21.47
2012	8387.2	662.3	7.90	5342.7	63.70	393.1	4.69	1822.6	21.73
2013	8535.0	673.2	7.89	5493.0	64.36	401.0	4.70	1798.4	21.07
2014	8706.7	689.2	7.92	5671.4	65.14	408.1	4.69	1750.7	20.11
2015	8625.0	700.1	8.12	5486.5	63.61	428.2	4.96	1826.3	21.17
2016	8537.8	716.8	8.40	5299.1	62.07	440.8	5.16	1888.2	22.12
2017	8654.4	634.6	7.33	5451.8	62.99	459.4	5.31	1981.7	22.90
2018	8624.6	644.1	7.47	5403.7	62.65	471.1	5.46	1993.7	23.12
2019	7758.8	667.3	8.60	4255.3	54.84	475.1	6.12	2238.6	28.85
2020	7748.4	672.4	8.68	4113.3	53.09	487.5	6.29	2361.1	30.47

资料来源: 根据《中国畜牧兽医年鉴》（2012~2021 年）数据计算整理。

从产值情况来看, 生猪产业产值占据绝对优势, 肉牛产业产值占比在国内畜牧业生产中较低, 但呈现增长的趋势, 2013 年突破 11%（见表 3-4）。与生猪、肉禽等肉类生产相比, 由于单位水平下的价格优势, 在同一产量占比水平下, 肉牛生产能创造出更多的货币价值, 能够吸引更多的从业者, 这也是肉牛养殖业发展优势之一。

表 3-4　2011~2020 年畜牧业分项产值及其占比

单位: 亿元, %

年份	畜牧业产值	肉牛		生猪		肉禽		蛋禽	
		产值	占比	产值	占比	产值	占比	产值	占比
2011	21181.8	2299.0	10.9	12225.4	57.7	2854.0	13.5	3778.7	17.8
2012	27117.1	2653.6	9.8	12435.9	45.9	3174.5	11.7	4080.2	15.0

续表

年份	畜牧业产值	肉牛		生猪		肉禽		蛋禽	
		产值	占比	产值	占比	产值	占比	产值	占比
2013	27735.0	3184.7	11.5	12560.6	45.3	3778.7	13.6	4056.6	14.6
2014	29292.6	3519.7	12.0	12297.6	42.0	4080.2	13.9	4160.1	14.2
2015	29278.1	3623.6	12.4	12859.7	43.9	4056.6	13.9	4304.9	14.7
2016	29992.6	3826.0	12.8	14368.5	47.9	4160.1	13.9	4478.3	14.9
2017	31109.5	3132.8	10.1	12966.1	41.7	4304.9	13.8	4393.3	14.1
2018	29853.2	3526.4	11.8	11202.7	37.5	4478.3	15.0	4864.4	16.3
2019	28095.8	4250.2	15.1	13207.2	47.0	4393.3	15.6	5934.3	21.1
2020	33727.8	4904.6	14.5	19676.5	58.3	4864.4	14.4	5904.4	17.5

资料来源：根据《中国畜牧兽医年鉴》（2012~2021 年）数据计算整理。

2001~2021 年，国际市场在促进国内肉牛供需平衡中扮演着越来越重要的角色。2001 年中国肉牛及其产品净出口 1.77 万吨；2010 年转变为牛肉净进口国，净进口量为 2.37 万吨，2019 年净进口量已高达 165.9 万吨。开放的国际牛肉市场在一定程度上缓解了国内牛肉供需压力，但国外较低成本的肉牛生产对国内肉牛产业特别是肉牛养殖业也产生了一定压力。

二 中国肉牛养殖区域布局分析

结合中国肉牛产业的发展历程，肉牛产业发展的区域布局也随之变动。《全国肉牛优势区域布局规划（2008—2015 年）》综合考虑资源、市场、产业基础及未来发展潜力等因素，划分了西北、东北、中原和西南四大肉牛优势产区，成为学者们研究肉牛产业区域变动的基础。张越杰和田露（2010）将中国肉牛生产区域变化分为牧区向农区转移（1980~1990 年）、农区快速发展（1990~2005 年）和向农牧交错地带转移（2005 年以后）三个阶段。杨春和王明利（2013）认为非农就业优势加速了肉牛生产区由中原转向饲草资源丰富的东北、西北和西南三大产区。高原和张越杰（2021）指出西北（新疆、内蒙古）、东北（黑龙江、吉林）肉牛产业集聚的专业化程度远高于全国平均水平。

本章在农业农村部规划的肉牛优势区域布局基础上，参考张永强和杨洁（2021）的研究，测算"十五"至"十四五"5个五年计划（规划）开局之年的中国四大肉牛优势产区的养殖布局指数（PDI）。其中 2021 年数据尚未更新，临时采用 2020 年数据代替。由于肉牛繁育养殖和育肥养殖分别影响牛源和牛肉供给，因此分别选取肉牛年末存栏量和牛肉产量来代表肉牛养殖和育肥养殖（吴曰程等，2023），结果如表 3-5 所示。

表 3-5　2001~2020 年部分年份中国肉牛养殖区域布局

单位:%

年份	中原产区 PDI		西南产区 PDI		西北产区 PDI		东北产区 PDI	
	肉牛养殖	育肥养殖	肉牛养殖	育肥养殖	肉牛养殖	育肥养殖	肉牛养殖	育肥养殖
2001	40.8	55.1	39.1	9.2	11.9	12.5	16.9	23.2
2006	32.1	44.2	37.6	11.3	10.1	14.8	25.9	29.8
2011	27.4	39.9	37.8	11.7	13.6	16.8	27.2	31.6
2016	26.1	36.6	38.1	13.4	15.0	18.9	26.5	31.0
2020	14.5	29.1	39.2	16.0	21.0	21.9	27.7	33.1

资料来源：根据《中国畜牧兽医年鉴》（2002~2021 年）数据计算整理。

　　2001 年以来，中原肉牛养殖区域优势下降明显，尤其是 2020 年末 PDI 已不足 15%，从四大产区首位降至末位；育肥养殖也逐渐向其他三大产区转移，目前较西南和西北产区略具优势；育肥养殖 PDI 是肉牛养殖 PDI 的 2 倍，说明中原产区肉牛养殖重心转为育肥养殖，从其他产区选购犊牛、架子牛进行育肥后出栏成为地区肉牛养殖的发展趋势。西南产区的养殖特点与中原产区相反，PDI 在四大产区中处于领先地位，是本区育肥养殖 PDI 的 2.45 倍，为其他产区提供牛源；肉牛育肥养殖占比不断增长但始终处于末位，发展潜力大。西北产区肉牛养殖和育肥养殖 PDI 均保持较快增速，2020 年肉牛养殖和育肥养殖 PDI 基本持平。东北产区肉牛养殖自"十一五"以来保持缓慢增长，不断巩固自身养殖优势。

第二节　中国肉牛养殖废弃物资源化利用政策沿革

　　中国农耕文明历史悠久，朴素循环经济思想下的农业废弃物循环利用实践，作为一种传承，始终指导着农业生产的发展。畜禽养殖废弃物是农家肥的主要来源之一，被广泛地用于农耕。随着石油农业的发展，由于施用便利，化肥开始逐渐替代农家厩肥。在畜牧业生产规模扩大和化肥推广的双重作用下，畜禽养殖废弃物的生物质资源属性逐渐弱化，成为农业面源污染的"主力"。畜禽养殖废弃物存在"正""负"两种外部性，为了实现经济社会发展和生态环境保护的"双赢"，消除负外部性影响，解决"市场失灵"问题，需要政府通过制定、颁布一系列政策措施对相关主体行为进行监管。不同于工业源污染，畜禽养殖废弃物防治政策体系构建，需考虑到其兼具面源污染物和生物质资源的双重属性。这些政策措施可以归纳为三类：法律法规、规划限制和经济措施。

一　政策萌芽时期（1949~1978 年）

改革开放前，畜禽养殖废弃物的"闲置""丢弃"并未得到国家的重视，几乎没有出台任何养殖废弃物治理的相关政策法规，涉及环境保护的政策也少之又少，仅在 1973 年的第一次全国环境保护会议上出台了《关于保护和改善环境的若干规定》，且未涉及农业污染，主要针对城市环境治理及工业污染提出了一些原则性的规定。在这一阶段，畜禽养殖废弃物资源化利用的政策体系建设尚未起步。

二　政策体系建设起步：发展时期（1978~2000 年）

改革开放后，国家开始关注环境保护，农业环境保护方面的顶层设计也同步展开，以面上政策为主，但仍然缺少具体指导畜禽养殖废弃物利用的专项政策。这一时期的面上政策指明了农业农村环境保护体系建设的发展路径和理念，为日后健全相关法律法规、完善政策设计奠定了基础。

在宏观规划中，1982~1986 年的中央一号文件从农业技术研发、改造、推广以及农业人才培养的角度，对农业发展提出了要求，其中特别强调了沼气技术研发的紧迫性。

在法律法规方面，《中华人民共和国环境保护法》（1989 年）明确了农业环境保护的权责归属，是日后农业环境管理工作的纲领性法律依据；

《中华人民共和国农业法》（1993 年）规定了农业资源和农业环境保护的一般性原则；《中华人民共和国标准化法实施条例》（1990 年）的实施，为农业环境保护制定了国家行业标准。这三部具有核心地位的法律的颁布，构成了农业环境保护相关的"辅助法体系"，从本质上界定了农业生态资源产权，对养殖户承担养殖废弃物治理责任和地方政府监督管理职责提供了激励，是日后颁布各项政策的法律基础和效力保障。

在专项政策和行动纲领方面，1992 年联合国环境与发展会议后，中国提出了环境与发展的十大对策，明确要发展生态农业，对农业生态环境的保护提出具体要求。在此基础上，国务院发布《中国 21 世纪议程——中国 21 世纪人口、环境与发展白皮书》（1994 年），制定了我国农业农村可持续发展的目标，并对实现目标的具体行动措施进行了明确部署，更从思想层面推动可持续发展理念在农业农村领域的普及。在专项政策方面，主要体现在推动沼气技术研发利用，《关于当前农村沼气建设中几个问题的报告》（1979 年）、《农村家用水压式沼气池施工操作规程》（1984 年）等，均提倡以沼气生产代替堆肥发酵，处理畜禽养殖废弃物。"六五"计划期间，国家财政每年提供 4000 万元贴息贷款以推动农村沼气技术推广。

这一阶段，生态农业发展和农村环境保护相关政策体系建设取得一定成果，特别是一些纲领性的法律法规、行业标准的颁布与制定，以及可持续发展理念的普及，为之后专项政策、法规的制定起到提纲挈领的重要作用，但是缺乏具体针对畜禽养殖废弃物的专项政策，仅《关于加强农村生态环境保护工作的若干意见》（1999 年）要求制定养殖废弃物排放标准及相关法规，加强对畜禽养殖废弃物污染防治的监督。

三 政策体系建设：完善期（2000 年至今）

进入 21 世纪，畜禽养殖废弃物资源化利用政策体系逐渐丰富、完善，可执行性和执行度的要求逐渐提升，对畜禽养殖废弃物资源化利用实践的指导和调控更加具体、规范。以"畜禽养殖废弃物"为关键词，以 2000 年后为期限，在国家法律法规数据库中进行模糊检索，可得到 6621 条结果，其中，宪法及修正案 3 条，法律及法律解释 301 条，行政法规 43 条，有关法律问题和重大问题的决定 12 条，地方性法规 6006 条，司法解释 256 条；相关部门规章也有 211 部之多。这些法条、政策、规章虽然不是都具体涉及畜禽养殖废弃物治理，但是足以凸显国家对畜禽养殖废弃物资源化利用重视程度之高。

结合政策发布的不同形式，对农业农村部、生态环境部、财政部、国家发展改革委等部门改革（2018 年 3 月）前后发布的具体关于畜禽养殖废弃物治理的政策文件进行分类汇总（见表 3-6，详见附录一）。与 2000 年前国家仅重视工业污染，极少关注农业领域环境问题相比，"十五"至"十三五"这 4 个五年计划或规划期间，国家关于畜禽养殖废弃物治理方面的政策文件数量递增，畜禽养殖废弃物处理及资源化利用逐渐成为农业农村工作的重要内容。

表 3-6　相关政策形式统计

单位：部

分类	"十五"	"十一五"	"十二五"	"十三五"	总计
法律	4	2	2	3	11
纲要	1	2	1	1	5
办法	4	1	1	3	9
规划	0	8	11	14	33
指南	0	2	1	3	6
方案	0	3	8	15	26
通知	2	1	2	24	29
条例	1	0	1	1	3
意见	0	3	18	19	40
规范	2	5	1	2	10
计划	1	0	2	2	5
要点	0	1	4	9	14
总计	15	28	52	96	191

资料来源：根据农业农村部、生态环境部、财政部、国家发展改革委等相关政府部门网站的文件统计整理。

由表3-6可知，"十五"至"十三五"期间，畜禽养殖废弃物资源化利用相关政策的发文量逐期增长，"十三五"期间的相关政策发文量几乎等于"十五"至"十二五"期间发文量的总和。政策发布以农业部为主、多部门参与，治理主体多元，多部门协同发布政策相对较少。

在这4个五年计划或规划期间，法律法规强制性的文件数量虽占比较小，但从不同角度确保了畜禽养殖废弃物治理和资源化利用有法可依。特别是《农业法》《固体废物污染环境防治法》《畜牧法》《可再生能源法》《循环经济促进法》5部法律的出台，有效规范了畜禽养殖废弃物治理，奠定了畜禽养殖废弃物污染防治及再利用的政策体系基础。

"十一五"和"十二五"期间，畜禽养殖废弃物防治政策缓慢增加，首次被纳入"十一五"规划，各类规划限制类的政策文本自此开始涌现，相较于相关法律法规，规划限制类的部门规章具有一定的滞后性。作为经济社会发展的关键词，节能减排、能源再生、循环经济也成为畜禽养殖废弃物治理及利用的主要发展方向。特别是2013年国务院颁布的第一部农业领域的行政法规——《畜禽规模养殖污染防治条例》作为制度保障，使得可持续发展、循环经济逐渐替代"污染防治""全面清理"；治理要求不再止步于"无害化""达标排放"，不仅治理理念发生转变，而且畜禽养殖废弃物资源化利用的进程也不断加快。"十三五"期间，随着习近平生态文明思想的贯彻落实与党的十九大报告中乡村振兴战略的部署，农村生态环境建设全面展开，畜禽养殖废弃物治理相关政策数量激增，政策级别整体虽呈现下降趋势，畜禽养殖废弃物资源化利用强制约束力度较小，但类型多元、针对性强，大部分政策"具象化"、可操作性强，明确要求大力发展生态循环农业，推进种养结合，坚持依法、科学、精准治污。

在以规划、引导为主的政策体系下，各部门还制定了一系列技术指导文件，并辅以经济奖惩措施。《畜禽场环境污染控制技术规范》（2006年）、《畜禽粪便无害化处理技术规范》（2006年）、《畜禽养殖业污染治理工程技术规范》（2009年）、《畜禽养殖产地环境评价规范》（2010年）、《畜禽养殖禁养区划定技术指南》（2016年）、《畜禽粪污土地承载力测算技术指南》（2018年）等技术标准极大地增强了畜禽养殖污染防治相关工作的可操作性。《关于实行"以奖促治"加快解决突出的农村环境问题的实施方案》（2009 年）、《绿色能源示范县建设补助资金管理暂行办法》（2011年）、《建立以绿色生态为导向的农业补贴制度改革方案》（2016 年）、《全国畜禽粪污资源化利用整县推进项目工作方案（2018—2020 年）》（2017 年）等为畜禽养殖废弃物治理和资源化利用提供了一定的资金支持。

随着社会主义现代化建设事业的深入推进，中国畜禽养殖废弃物防治已形成了具有中国特色的政策体系。畜禽养殖废弃物治理理念不断升级，可持续发展、资源化利用、循环经济逐渐替代"污染防治""无害化处理""全面清理"。相关法律体系健全，在畜禽养殖产业发展和环境污染治理等方面都对畜禽粪便管理提出明确要求，但政策总体上较为柔和，强制性政策较少，以引导、规范行为主体相关行为为主；经济激励相对较少，以财政补贴为主，缺乏市场介入，数量有限，缺乏活力。

第三节　中国肉牛养殖废弃物资源化利用的
补偿措施与存在的问题

一　中国畜禽养殖废弃物资源化利用的补偿措施

2004 年至今，中央政府连续发布以"三农"为主题的中央一号文件，"一揽子"强农惠农政策也接连出台。2016 年以来，随着国家对农业生产和农村生活环境治理的重视，畜禽养殖废弃物资源化利用的相应补偿措施也全面推开，主要体现在以下方面。

总体上看，财政支持和资金投入力度逐步加大。农业农村部通过组织实施畜禽养殖废弃物资源化利用的整县推进项目，截至 2020 年，基本实现全国 585 个畜牧大县的全覆盖，共支持规模养殖场（户）近 10 万家，累计支持 400 多家有机肥生产企业、专业化沼气工程企业等。

养殖废弃物资源化利用设备补贴是补偿政策关注的重点。农业农村部高度重视发挥养殖废弃物资源化农机购置补贴政策的引导作用，支持养殖户购置并使用畜禽养殖废弃物资源化利用机具。目前，全国农机购置补贴机具种类范围已包括清粪机、粪污固液分离机、畜禽粪便发酵处理机、有机废弃物好氧发酵翻堆机等 10 个品类的畜禽养殖废弃物资源化利用机具。支持 11 个省份开展农机新产品购置补贴试点，补贴购置废弃物处理成套设备、废弃物料烘干机等其他相关机具。2018 年以来，全国共补贴购置畜禽养殖废弃物资源化利用机具 1.1 万台，使用补贴资金 1.6 亿元。农业农村部将继续扩大补贴机具种类范围，将更多的畜禽养殖废弃物利用机具纳入补贴范围，加快提升畜禽养殖废弃物处理机械化水平。

有机肥替代化肥是肉牛养殖废弃物资源化利用的主要方向，也是补贴政策的重点支持方向。农业农村部认真落实"藏粮于地、藏粮于技"战略，鼓励和引导农民增施有机肥。2017 年以来，选择 238 个重点县（市、区）开展有机肥替代化肥试点，集成推广有机肥替代化肥的生产技术模式，构建果菜茶有机肥替代化肥长效机制。结合测土配方施肥、耕地保护与质量提升、东北黑土地保护利用试点等项目，采用物化补贴的方式，鼓励和引导农民增施有机肥、秸秆还田、种植绿肥。对于施用有机肥的一般农户、家庭农场、农业合作组织、农业龙头企业等经营主体，依据地方政策不同，达到施用规模即可享受相应补贴，补贴标准一般为每吨 200~300元，单个主体补贴一般为 15 万~20 万元。

依据沼气工程的规模，制定专项补贴。对于规模化生物天然气工程试点项目，每立方米生物天然气生产能力安排中央投资补助 2500 元，单个项目的补助额度不超过 4000 万元，且不超过该项目总投资的 40%；对于规模化大型沼气工程项目，每立方米厌氧消化装置容积安排中央投资补助1500 元，单个项目的补助额度不超过 3000 万元，且不超过该项目总投资的 35%；对于养殖企业或家庭农场、专业合作社、个体户等申报主体建设的中小沼气工程、农村沼气建设项目，养殖规模参照各地文件（生猪存栏200~1000 头，蛋鸡存栏 1000~5000 羽，肉鸡出栏 5000~10000 羽，奶牛存栏 50~100 头，肉牛出栏 50~100 头），补贴 20 万元左右。

出台多项畜禽养殖废弃物资源化利用税收优惠政策。对纳税人销售自产以畜禽粪便为原料生产的沼气等燃料，以及电力、热力，实行增值税即征即退100%；对企业从事符合条件的畜禽养殖场和养殖小区沼气工程项目等环境保护项目所得，实行企业所得税三免三减半优惠政策；依法对畜禽养殖废弃物进行综合利用和无害化处理，不属于直接向环境排放污染物的，不缴纳环境保护税。

二　中国畜禽养殖废弃物资源化利用补偿措施存在的问题

补偿畜种单一，以生猪养殖为主，其他家畜相关补偿政策缺位。中国是猪肉生产大国，2020年，全球共生产猪肉9787.5万吨，其中中国供给猪肉数量占世界总量的42.02%，为4113万吨。受到传统饮食习惯的影响，猪肉消费在中国城乡居民人均肉类消费中占据主导地位（见表3-7）。同时，与草食动物不同，生猪属于杂食性动物，其养殖废弃物产生量虽不及奶牛和肉牛，但是产污水平高于其他畜种。因此，生猪养殖业一直是国家重点关注和扶持的产业。在"一揽子"强农惠农政策中，对于生猪养殖的补贴远多于其他畜种，特别是养殖废弃物资源化相关补偿。以生猪（牛、羊）调出大县奖励专项资金为例，该项奖励资金的设立是以促进生猪（牛、羊）的生产和流通、推动生猪（牛、羊）养殖产业发展为主要目的，资金可用于畜禽养殖废弃物资源化利用提升与改进。但2018~2022年，仅有新疆维吾尔自治区、内蒙古自治区、宁夏回族自治区、西藏自治区和青海省5个牧区所在省份获得了牛、羊调出大县奖励资金，仅占专项奖励资金的10%左右。

表3-7　2019年和2020年城乡居民人均肉类消费概况

单位：kg

种类	2019年		2020年	
	城市	农村	城市	农村
肉类	36.03	32.41	36.50	31.80
猪肉	20.31	20.20	19.00	17.10
禽肉	11.42	10.01	13.00	12.40
牛肉	2.90	1.20	3.10	1.30
羊肉	1.40	1.00	1.40	1.00

资料来源：根据《中国统计年鉴》（2020~2021年）数据统计整理。

以畜牧大县和规模化养殖场（户）为主要补偿对象，尚未关注非规模化养殖户。2017年农业部开始推广实施养殖废弃物资源化整县推进项目，并投入了大量专项财政资金（见图3-3）。但在实地调研过程中发现，整县推进项目资金虽然实现专款专用，但大多数资金分配给了规模化养殖场（户）进行养殖废弃物资源化利用提升与改进；少数畜牧大县兴建养殖废弃物第三方集中处理中心，以惠及非规模化养殖户。在沼气池建造补贴中，对于非规模化养殖户沼气池建造成本的一次性补贴，明显推动了农村户用沼气池建设，但沼气池的使用效率却并未显著提升，甚至出现下降（汪兴东、熊彦龄，2018）。

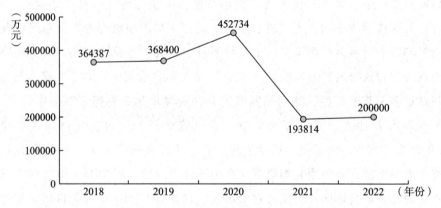

图3-3　2018～2022年畜禽养殖废弃物资源化整县推进项目资金预算
资料来源：财政部官方网站。

补偿内容和方式较为单一，优惠政策缺乏针对性。在中央一号文件等相关强农惠农政策中，对于以畜禽养殖废弃物资源化为代表的农业绿色生产备受关注，但是具体补偿内容以单一资金补偿为主（养殖废弃物资源化处理设备补贴），缺少技术支持和相关服务，导致补偿资金使用效率低下，在一定程度上延缓了养殖废弃物资源化利用"最后一公里"的疏通进程，养殖废弃物资源化未达到理想效果。除了沼气池建造补贴、农机具购置补贴外，养殖废弃物资源化补偿政策中强农惠农资金的配备较为模糊，缺乏资金分配细则。

补偿政策实施效果缺乏监管与成效反馈。2017年国务院办公厅发布的

《关于加快推进畜禽养殖废弃物资源化利用的意见》明确指出，要建立健全畜禽养殖废弃物资源化利用制度，特别是规模养殖环评制度、污染监管制度、绩效评价考核制度等。但是在各项补偿政策实施过程中，并未构建起有效的监管机制和补偿资金使用成效的反馈机制。

| 第四章 |

中国肉牛养殖废弃物资源化利用潜力与问题

在传统农业活动中，肉牛养殖废弃物一直作为一种投入要素，即通过厩肥的原始生产方式转化为种植业的投入要素。这种将废弃物转化为促进土壤肥力保持的朴素循环农业生产方式，完成了从废弃物到生态资源的转化，实现了养殖废弃物负外部性的正向转化，维持了生态平衡，达到了农业生产与生态资源保护的均衡状态。该方式至今仍是大多数非规模化养殖户进行养殖废弃物资源化的主要方式。肉牛是单体体积最大的家畜动物，单位养殖废弃物产生体量最大，因食草为主、多胃消化的生物特性，肉牛养殖废弃物资源化利用途径较其他畜种更为广泛。随着科技进步，越来越多的肉牛养殖废弃物资源化利用模式和技术得到开发，资源化价值实现存在很大潜力。

第一节　中国肉牛养殖废弃物实物量与价值量核算

肉牛是个体体积最大、单位粪尿排泄量最多、单位个体对环境影响最大的畜种。肉牛养殖废弃物在有氧或者无氧条件下会被分解，产生危及人类健康及自然界生态平衡的多种不同形态的有害物质，其个体污染水平是生猪的 2~3 倍，是鸡的 5~20 倍。何可（2016）估算的 2014 年中国畜禽粪尿理论资源量中，牛粪尿总量最多，占畜禽粪尿总排泄量的 43.19%。

在对畜禽养殖废弃物实物量和价值量进行核算时，常用的估算方法有两种：试验测定法和产污系数法（付强，2013）。其中，试验测定法通常选择代表性养殖场进行采样试验，通过试验监测方法，测量排入水中的粪尿，统计其入水系数。产污系数法，又称为源强估算法，是生态环境部常采用的估算方法，也被广大研究学者借鉴（曲环，2007；韦佳培，2013；何可，2016；左永彦，2017；姚治榛，2020）。也有学者（彭里，2006；沈玉英，2004）采用畜禽排出养分等于摄入养分与吸收养分之差进行核算，相似的方法还有采用畜禽体重与肉料比的乘积来核算。

产污系数是环境评估领域基础性工作的重要数据，也是世界各国掌握本国及世界环境状况、设计环境保护工程、制定环保政策等相关工作的重要依据。本章采用《畜禽养殖业粪便污染监测核算方法与产排污系数手册》（2019 年）中相关数据（见表 4-1）进行核算。

表 4-1　中国各地区肉牛养殖产污系数

污染物指标		单位	产污系数				
			华北	东北	华东	中南	西南
粪污产量	粪便量	kg/（头·天）	15.01	13.89	14.80	13.87	12.10
	尿液量	L/（头·天）	7.09	8.78	8.91	9.15	8.32
污染物	COD	g/（头·天）	2761.42	3086.39	3114.00	2411.40	2235.21
	全氮	g/（头·天）	72.74	150.81	153.47	65.93	104.10
	全磷	g/（头·天）	13.69	17.06	19.85	10.52	10.17
	铜	mg/（头·天）	73.77	46.55	102.95	68.57	29.32
	锌	mg/（头·天）	272.59	283.24	468.41	276.19	236.89

资料来源：《畜禽养殖业粪便污染监测核算方法与产排污系数手册》。

一　实物量核算

畜禽养殖废弃物实物量（即产污量）计算公式如下：

$$Q_i = E_i \times T_i \times N_i \tag{4-1}$$

其中，Q_i 为畜禽 i 的年产污量，E_i 为日产污系数，T_i 为畜禽 i 的饲养周期，N_i 为畜禽 i 的年存/出栏量。饲养周期为 365 天的畜种，采用年末存栏量（肉牛、羊、兔等）；饲养周期短于一年的畜种，采用年出栏量核算。

中国肉牛养殖分为繁育和育肥两个阶段,其中犊牛繁育和育肥前期基本为6 个月,集中育肥期即育肥中后期平均为 180 天,因此,肉牛从出生到出栏的饲养周期为 1 年。

本章根据产污系数,结合式(4-1),计算出 2010 年和 2020 年各地区及全国肉牛养殖粪污产生量,结果见表 4-2。其中,由于缺乏西北地区产污系数,遂采用华北、华东、中南和西南四个地区的平均产污系数来核算西北各省份肉牛养殖产污量。

表 4-2　中国各地区肉牛养殖粪污产生量

区域	粪便量（10^6·吨/年）		尿液量（10^6·升/年）	
	2010 年	2020 年	2010 年	2020 年
华北	11.40	17.62	0.54	0.83
东北	72.71	73.88	4.60	4.67
华东	37.32	31.00	2.25	1.87
中南	65.23	54.67	4.30	3.61
西南	90.08	110.93	6.19	7.63
西北	54.82	88.54	3.32	5.37
全国	331.56	376.64	21.20	23.98

资料来源:《中国农村统计年鉴》(2011 年、2021 年)、《畜禽养殖业粪便污染监测核算方法与产排污系数手册》。

2010～2020 年,全国肉牛养殖粪污产生量呈现上升趋势,2020 年全国肉牛养殖粪便和尿液排放量分别为 376.64×10^2 万吨和 23.98×10^6 升,较 2010 年分别增加 45.08×10^2 万吨和 2.78×10^6 升。肉牛养殖粪污产生量与肉牛年末存栏量密不可分,虽然 2020 年有所增长,全国肉牛年末存栏数增加 946.2 万头,但 11 年间,全国肉牛存栏数经历了稳步增长到骤然减少(2017 年),再到逐步恢复的过程。

2010 年和 2020 年肉牛养殖粪尿产生量最多的地区均是西南地区,最少的地区均为华北地区。11 年间,各区域的肉牛养殖粪污产生量发生变化且存在一定差异,其中东北地区变化不大,华北、西南和西北地区粪污产生量呈现增加的趋势,而华东和中南地区则有所下降。华北、西北和西南地区的粪污增长率分别为 54.52%、61.52% 和 23.15%;中南和华东地区为负增长，下降率分别为 16.18% 和 16.93%。华东和中南地区涵盖长三角、珠三角、长江中下游等国内经济较发达地区，城镇化进程较快，加之对环境保护、城市形象的重视，使得肉牛养殖业发展受到限制。东北地区虽为农业发展重点区域，但近几年呈现"南猪北养""北牛南运"的现象，其他地区特别是靠近牛肉消费市场的经济发达地区，纷纷到东北地区购买犊牛、架子牛并运至南方育肥、出栏，使得东北地区肉牛出栏数量基本持平，因此养殖粪污产生量变动不大。西北、西南地区是畜牧业重点发展地区，涵盖多个牧区、半牧区，肉牛养殖具有传统优势与政策支持。

二　价值量核算

肥料化、能源化和垫料化是农业废弃物资源化利用的三大主推方向，是肉牛养殖废弃物实现价值转化的主要路径。其中，基质化与肥料化原理类似，均是利用农业废弃物中所含养分（以 N、P、K 等微量元素为主）为其他种植业或养殖业提供所需。由于肉牛以植物蛋白为食，其粪污中重金属含量低且碳氮比适宜，不考虑细菌和有害微生物情况下，可以实现直接还田；牛粪作为基质，用于培植菌类、养殖蚯蚓等，可实现价值链进一步延伸，创造更多经济附加值。

（一）肥料化价值量核算

肉牛养殖废弃物虽具有丰富的肥料价值，但是如果施用不当，不仅不能发挥其资源化效用，还极易对环境造成次生污染。合理、有效地利用肉牛养殖废弃物，要以正确核算废弃物中肥料成分及其含量为前提和基础。结合表 4-1 中产污系数，有机质含量均以 14.5% 的比例进行核算，肉牛粪污中养分含量如表 4-3 所示。

表 4-3　中国各地区肉牛养殖粪污中养分含量

单位：万吨

地区	2010 年			2020 年		
	有机质	全氮	全磷	有机质	全氮	全磷
华北	165.24	5.52	1.04	255.48	8.54	1.61

续表

地区	2010 年			2020 年		
	有机质	全氮	全磷	有机质	全氮	全磷
东北	1054.25	78.94	8.93	1071.30	80.22	9.07
华东	541.18	38.70	5.01	449.53	32.15	4.16
中南	945.78	31.00	4.95	792.65	25.98	4.15
西南	1306.21	77.50	7.57	1608.47	95.44	9.32
西北	794.90	43.05	5.61	1283.77	69.52	9.06
全国	4807.55	274.72	33.10	5461.20	311.84	37.37

资料来源:《中国农村统计年鉴》(2011 年、2021 年)、《畜禽养殖业粪便污染监测核算方法与产排污系数手册》。

2020 年中国肉牛养殖粪污中有机质、全氮、全磷含量分别为 5461.20 万吨、311.84 万吨和 37.37 万吨,比 2010 年分别增长 13.60%、13.51% 和 12.90%。2010 年全氮、全磷排放量地区分布情况为东北>西南>西北>华东>中南>华北;2020 年略有变化,全氮、全磷排放量排序为西南>东北>西北>华东>中南>华北。根据《第一次全国污染源普查畜禽养殖业源产排污系数手册》数据,中南地区肉牛粪污中磷含量较低,较磷含量最高的华东地区 [19.85g/(头·天)] 少 9.33g/(头·天),比华北地区 [13.69g/(头·天)] 低 3.17g/(头·天)。按照营养膳食代谢规律,粪污中营养元素含量的高低,与肉牛饲喂方式密不可分。

根据《中国农村统计年鉴 2021》,2020 年中国农用化肥中氮肥和磷肥施用量折纯分别达到 1833.9 万吨和 653.8 万吨,肉牛养殖废弃物可提供 N、P 量分别占比 17.00% 和 5.72%。自 2015 年农业部推出化肥施用量"零增长"行动方案以来,氮肥和磷肥的施用量折纯分别以年均 3.65% 和 3.83% 的速度下降,肉牛养殖废弃物完全可以被种植业吸纳。

(二) 能源化价值量核算

作为反刍动物,肉牛是节粮型畜种,饲喂过程中可消纳种植业副产物,产生的粪便中粗纤维物质(木质素、纤维素等)含量高,且燃烧后不似猪粪、禽粪产生恶臭气体,可作为固体燃料直接燃烧,替代煤炭成为生物质燃料,在我国西藏和青海有千年利用历史。一般情况下,肉牛养殖粪污在干燥后，与秸秆、木柴、煤渣等混合，适量添加固硫剂等添加剂，压制成固体燃料棒或牛粪蜂窝煤。肉牛粪的热值虽较煤炭低，为煤炭的70%~80%，但是折合1.3吨的干牛粪，放置汽化炉或卜燃式生物质燃烧炉中燃烧（孔伟等，2018），可充分发挥其热值，为普通燃煤锅炉的1.3~1.5倍（全国畜牧总站，2016）。按照最大燃烧效率计算，1吨肉牛粪制燃料块基本相当于1吨煤炭热量利用率。肉牛粪中含硫量低，燃烧后废气排放也远低于国家标准，特别是CO、CO_2排放量为零，NO_2排放量仅为煤炭的20%（张海清，2007），烟尘含量低，有"零排放能源"之称。而且，肉牛粪便加工成的生物质燃料燃尽率高，可达96%，燃烧后的灰烬富含矿物质元素（Mg、K、Na），可用作无机肥料，进一步创造附加值。牛粪与原煤粉以3∶1的比例混合制成生物质煤，可以显著提高煤炭的热值、燃烧时间等燃烧性能（全国畜牧总站，2016）。

实验数据表明，肉牛鲜粪含水量为83.3%，干燥至8%~16%的含水量时，牛粪生物质燃料品质最佳（肖宏儒等，2014）。在8%和16%的含水量水平下，2020年肉牛粪便可分别提供3013.06万吨和6026.16万吨生物质燃料原料（见表4-4），各地区供应能力与其粪便产生量成正比。

表4-4 中国各地区肉牛粪便生物质燃料原料资源量

单位：万吨

地区	2010 年			2020 年		
	粪便量	含水量 8%	含水量 16%	粪便量	含水量 8%	含水量 16%
华北	1139.56	91.16	182.33	1761.93	140.95	281.91
东北	7270.67	581.65	1163.31	7388.29	591.06	1182.13
华东	3732.24	298.58	597.16	3100.21	248.02	496.03
中南	6522.59	521.81	1043.61	5466.54	437.32	874.65
西南	9008.34	720.67	1441.33	11092.92	887.43	1774.87
西北	5482.10	438.57	877.14	8853.55	708.28	1416.57
全国	33155.50	2652.44	5304.88	37663.44	3013.06	6026.16

资料来源：《中国农村统计年鉴》（2011年、2021年）、《畜禽养殖业粪便污染监测核算方法与产排污系数手册》。

通过沼气工程实现肉牛养殖粪污的能源化转换，是肉牛粪污资源化高效的利用方式之一。沼气发酵过程中产生的甲烷用作清洁能源,可直接用作热源,也可转化为电能,供肉牛养殖场自用或并入国家电网。肉牛粪污的年产沼气潜力的计算公式如下:

$$沼气潜力 = TS \times 产气参数 \qquad (4-2)$$

$$TS = 粪污产生量 \times 干物质比例 \qquad (4-3)$$

影响沼气产气参数的因素众多,不同畜种粪污产气率存在差异,可根据 COD 或干物质含量(TS)计算。本章借鉴 TS 法进行核算。式(4-2)中 TS 为干物质含量,肉牛粪便和尿液中的干物质比例分别为 18% 和 0.6%(陈燕,2014)。肉牛粪尿干物质产气参数借鉴《农业技术经济手册》(1983 年),分别为 0.3m³/kg 和 0.2m³/kg。结合表 4-2 中肉牛粪污产生量,计算中国各地区肉牛粪污沼气生产潜力。由表 4-5 可知,2020 年中国肉牛养殖粪便和尿液沼气生产潜力分别为 20.33 亿 m³ 和 259 万 m³,总计 20.37 亿 m³。沼气工程末端产生的沼渣、沼液也是上好的有机肥原料,沼渣也可用于牛床垫料,由于计算的复杂性和相关数据的缺乏,在此暂时不对肉牛养殖粪污沼气化末端资源化潜力进行核算。

表 4-5 2020 年中国各地区肉牛养殖粪污沼气生产潜力

地区	粪便量 (万 t)	粪便干物质 (万 t)	产气 (亿 m³)	尿液量 (万 L)	尿液干物质 (万 t)	产气 (百万 m³)	合计 (亿 m³)
华北	1761.93	317.15	0.95	200.69	1.20	0.24	0.95
东北	7388.29	1329.89	3.99	292.56	1.76	0.35	3.99
华东	3100.21	558.04	1.67	190.61	1.14	0.23	1.68
中南	5466.54	983.98	2.95	305.45	1.83	0.37	2.96
西南	11092.92	1996.73	5.99	717.41	4.30	0.86	6.00
西北	8853.55	1593.64	4.78	446.17	2.68	0.54	4.79
全国	37663.44	6779.43	20.33	2152.89	12.91	2.59	20.37

资料来源:根据《中国农村统计年鉴》(2021 年)、《畜禽养殖业粪便污染监测核算方法与产排污系数手册》计算整理。

沼气工程的实施,不仅资源化了肉牛养殖废弃物,在一定程度上控制了养殖废弃物给环境带来的非点源污染，同时也极大地减少了肉牛粪污储存、堆肥过程中 CH_4 的排放量，所产生的清洁型能源沼气应用于热源、电能等，部分替代化石燃料使用，相对地减少了 CO_2 的排放量，具有促进温室气体减排的潜力。田宜水（2012）运用《2006 年 IPCC 国家温室气体清单指南》中提供的中国肉牛粪污管理 CH_4 排放系数，核算了肉牛粪污管理对于温室气体的减排潜力。2019 年，IPCC 对该指南进行了修订，进一步细化了畜禽粪污管理过程中的温室气体排放核算方法。

$$CH_4 = \left[\ \sum (N \cdot VS \cdot AWMS \cdot EF)/1000\right] \qquad (4-4)$$

其中，N 为肉牛产污水平。VS（Volatile Solids）为肉牛粪污中可挥发干物质含量，单位为 kg/t，即每吨粪污中可挥发干物质含量。VS 数值因地区、气候、畜种不同存在差异，本章取《2006 年 IPCC 国家温室气体清单指南》（2019 年版）（以下简称《2019 指南》）中亚洲平均水平进行核算，即 $VS = 9.8$kg/t。$AWMS$（Animal Waste Management System），即畜禽粪污管理系统系数，因粪污贮存管理方法不同，温室气体排放水平存在差异，在我国肉牛养殖中，既存在牧区放养，也存在农区舍饲，还存在半舍半牧，粪污的贮存管理方式多样，但基本采取干清粪方式收集粪污，因此选用《2019 指南》中东亚和东南亚放牧和固态堆置数据的平均数进行核算，即 $AWMS = 0.31$。EF（Emission Factors）为肉牛粪污 CH_4 排放因子，在此仅考虑对肉牛粪污不做处理的堆置情况；同时，EF 因气温变化而不同，参考中国各地区月平均气温情况，各省份对应 EF 取值见表 4-6。

表 4-6　2020 年中国各地区月平均气温及对应 EF 值

单位·℃，g/kg

地区		气温	EF	地区		气温	EF
东北	辽宁	7.0	2.05	华北	北京	13.8	2.05
	吉林	9.2	2.05		天津	13.8	2.05
	黑龙江	7.1	2.05		河北	14.7	2.05
	内蒙古	5.4	2.05		山西	11.2	2.05

续表

地区		气温	*EF*	地区		气温	*EF*
中南	河南	16.5	4.15	西南	四川	16.6	4.15
	湖北	17.1	4.15		重庆	19.2	4.15
	湖南	17.5	4.15		贵州	14.9	4.15
	广东	22.7	4.15		云南	16.5	4.15
	广西	22.1	4.15		西藏	9.7	2.05
华东	上海	17.8	4.15		海南	25.3	4.15
	江苏	17.1	4.15	西北	陕西	15.2	4.15
	浙江	18.3	4.15		甘肃	8.1	2.05
	安徽	16.2	4.15		青海	6.1	2.05
	福建	21.5	4.15		宁夏	10.7	2.05
	江西	19.1	4.15		新疆	8.7	2.05
	山东	15.0	4.15				

资料来源：《中国气象年鉴 2021》《2019 指南》。

结合以上数据，可核算出中国肉牛养殖粪污管理的减排潜力（见表 4-7）。2020 年中国肉牛养殖粪污管理阶段产生 CH_4 总量为 89.62 万吨。其中西南地区排放量占 52.28%，为 46.85 万吨，所占比重大于西南地区肉牛存栏量的比重，西南地区气温较高，CH_4 减排潜力最大。东北、华北、西北地区肉牛存栏量占比均明显高于粪污管理 CH_4 排放占比，养殖粪污管理压力小于南方各地区。

表 4-7　2020 年中国各地区肉牛养殖粪污管理 CH_4 减排潜力

地区	存栏量（万头）	占比（%）	CH_4 产生量（万吨）	占比（%）
华北	321.6	4.18	2.00	2.23
东北	1457.3	18.96	9.08	10.13
华东	573.9	7.47	7.24	8.07
中南	1079.8	14.05	13.61	15.19
西南	2511.7	32.68	46.85	52.28
西北	1740.8	22.65	10.84	12.10
全国	7685.1	100.00	89.62	100.00

资料来源：《中国气象年鉴 2021》《2019 指南》《中国农村统计年鉴 2021》。

（三）垫料化价值量核算

肉牛粪污还可以用作肉牛养殖垫料，既解决了废弃物存放问题，相较其他垫料原料（沙子、橡胶、锯末、稻壳等）投入成本降低，又提高了肉牛卧床舒适度和动物福利，降低疫病发生率，有助于节省养殖场各项成本。牛粪用作牛床垫料在奶牛养殖中已经较为普遍，奥地利、意大利等国家开发出专业牛床（奶牛）再生垫料系统 BRU。罗良俊和张卫平（2011）研究表明，牛粪发酵床养殖荷斯坦犊牛可获得每头犊牛节约 66.62 元的经济效益，节约的费用主要来自医药费、垫料费、垫料维护人工费等。中国肉牛养殖中，散养户仍占主要地位，并多以母牛繁育为主，垫料化处理肉牛养殖粪污技术恰到好处。垫料化后的肉牛粪污具有生物降解性，在完成发酵、腐熟后，可直接施入农田，用作有机农家肥。

鲍雨晴（2020）、彭夏云等（2020）、李秀金和董仁杰（2002）研究表明，牛粪在含水量为 65% 时，用作牛床垫料生产易获得较高的堆温，有利于杀灭病原细菌；干燥、发酵至含水量低于 40% 时，可回填至肉牛舍。2020 年肉牛养殖粪污（鲜粪）总量为 39086 万吨，可生产肉牛牛床垫料原料 29314.5 万吨。

第二节　中国肉牛养殖废弃物资源化利用
典型技术模式

废弃物资源化利用是肉牛养殖场实现生态效益的技术依托，现有资源化利用技术模式种类繁多，结合减量化、无害化、资源化的原则，可以大致归纳为源头减量、清洁回用、种养结合、集中处理、达标排放 5 种典型技术模式。

一　源头减量模式

提及肉牛养殖废弃物的防治，从业者与非从业者都会优先着眼于肉牛排泄的废弃物，对其进行研究、处理、利用，而废弃物产生的源头往往被忽视。传统"舍本逐末"、边污染边治理的忽略污染物产生环节的方式，未能将肉牛养殖各环节紧密结合，还增加了末端治理的成本。与传统的末端治理模式不同，源头减量模式以生产端为出发点，以清洁生产理念作为指导思想，从养殖源头出发削减污染，是整体预防污染物产生的环保模式。这一模式在 2003 年正式实施的《中华人民共和国清洁生产促进法》中有明确阐述，主要涉及的有效途径有 3 种，即控制投入品、改进肉牛养殖工艺与生产过程管理、优化养殖废弃物储存设施设备。

（一）控制投入品

肉牛养殖废弃物中的氮、磷、重金属及抗生素，是侵害水土资源、威胁人类健康的主要污染物，这些污染物绝大部分来自肉牛养殖饲喂投入，由肉牛机体新陈代谢产生（见图 4-1）。肉牛不同生长阶段营养需要不同，饲料投喂数量和配比也存在很大差异，饲料投入过量不仅会增加养殖成本，也会增加肉牛养殖废弃物的数量，增加末端治理成本。氮、磷是生命体必需的营养元素，也是造成水体富营养化的主要成分。控制饲料数量和配比是源头减量模式的最主要措施之一。通过精准的营养配比，能控制肉牛饲料消耗量、提高其生产性能，实现饲料养分利用效率的提高，减少氮、磷产生。

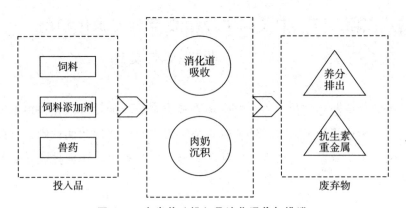

图 4-1　肉牛养殖投入品消化吸收与排泄

饲料中微量元素添加剂是肉牛生长发育、高效生产的重要营养物质，具有生物效应低的特点。肉牛机体难以吸收的微量元素特别是重金属，会随着肉牛粪便排入环境，在水土环境中累积，难以代谢，进一步通过植物生长转化，在食物链的生物放大作用下威胁人类健康。控制饲料添加剂的数量是源头减量模式不可忽视的重要组成部分。按照饲料添加剂的限量标准，加强对饲料生产主体的监管，以及加快对微生物复合矿物质元素的研发，都能有效控制肉牛粪污中重金属含量，实现污染物的源头减量。

除了饲料及其添加剂，肉牛养殖过程中疫病防治投入的减量化，对于养殖末端废弃物处理至关重要。抗生素滥用现象在人和动物中都十分普遍，抗生素耐药性已成为全球卫生危机。肉牛养殖过程中抗生素同过量的饲料添加剂一样，最终都成为影响人类健康的隐患。堆肥发酵虽然可降解60%以上牛粪中的抗生素（宋婷婷等，2020），但是抗生素残留显著抑制厌氧发酵，延长有机肥腐熟时间，严重影响粪污资源化利用效率。减少抗生素使用的最根本的措施是提高养殖户的饲养管理水平，提升肉牛健康水平，增强其自身免疫能力；同时，做好抗生素使用监控和管制，研发抗生素替代品。

（二）改进肉牛养殖工艺与生产过程管理

肉牛生产工艺模式及养殖场设备等对于废弃物的产生及处理都会产生不同的影响。采用福利化饲养模式能显著提高肉牛机体健康水平和生产性能，实现抗生素和饲料添加剂减量化；合理的圈舍设计（净污分离、保暖通风等）、科学的饮水系统、适宜的清粪工艺（粪尿分离、干清粪等）等，都能有效减少养殖废弃物的产生。

（三）优化养殖废弃物储存设施设备

肉牛养殖废弃物储存虽然不是废弃物产生的源头，却是废弃物资源化末端利用的初始环节。优化肉牛养殖废弃物储存设施设备，是防止废弃物流失、减少废弃物次生、实现源头减量的重要措施。

二　清洁回用模式

清洁回用模式是对畜禽养殖场养殖废弃物进行收集、处理后，液体部分用于清洗粪道或圈舍；固体部分晾晒后用作养殖场垫料，堆肥后用作菌物栽培基质、蚯蚓等动物养殖基质，或加工后制成生物质燃料的养殖废弃物资源化利用方式。清洁回用模式多用于缺少养殖废弃物消纳农田的、以干清粪方式收集养殖废弃物的规模化养殖场。肉牛养殖场几乎没有污水排放，清洁回用模式是经济效益最高的最适宜肉牛养殖场的废弃物处理方式之一。

（一）垫料回用

肉牛以饲草料为食，粪便中纤维素含量高；由于反刍作用，对于饲料等的消化利用率高，相对于其他家畜，其单位粪污中 BOD、COD、N、P 等物质含量较低，适宜用作牛场垫料。肉牛养殖场以干清粪为主要清粪方式，为提高生物安全性，需将肉牛粪晾晒、发酵处理后，才能回填牛舍。牛粪作为卧床垫料，不仅可以减少购买稻壳、秸秆、沙土等垫料材料的成本，垫料更换后可直接用作有机肥还田，减少了后续处理成本；而且其质地松软，可以保护肉牛肢蹄，降低疫病发生率，增加动物福利，更有利于肉牛增产增效。发酵床模式下肉牛日增重高于平地干清粪模式，料肉比较低，经济效益较高；微生物环境除臭减排及粪污发酵、适当产热保暖，有利于肉牛生长，饲料转化率高（黄俤华等，2020）。

（二）栽培基质回用

畜禽粪污能够为菌物生长提供水分、营养物质，与碳素含量高的棉籽壳、秸秆、玉米芯等种植业废弃物混合，是良好的菌物栽培基质。菌物生长需要碳素，不同的畜禽粪污中碳素含量、碳氮比（C/N）存在较大差异（见表 4-8），其中牛粪碳氮比和菌类生长需求（C/N=33）最接近，与其他畜禽粪污相比，更适合作为食用菌栽培基质。

表 4-8　不同农业废弃物碳氮比

废弃物	牛粪	猪粪	鸡粪	禾本科
碳氮比（C/N）	15~20	10~15	6~10	40~60

资料来源：余亮彬等（2018）。

肉牛养殖场粪污虽然以干清粪为主，但是肉牛粪便含水量较高，需要晾晒至其表面粗纤维物质凝结后，添加秸秆等禾本科废弃物、废弃菌渣调节碳氮比，再辅以适量无机肥料和石膏，充分混合后堆置发酵，测定水分为65%～85%后制成菌包，直接用作菌物栽培基质。这种清洁回用模式，既消除了肉牛养殖粪污污染、废弃菌渣和农作物秸秆等农业废弃物的环境负影响，基本实现农业生产链零废弃、零污染，又降低了农业废弃物处理成本、食用菌生产成本，通过多种农业废弃物循环利用，实现了经济和生态效益的统一。

（三）动物蛋白转化回用

动物蛋白转化回用模式是将畜禽养殖粪污（干清粪）用于养殖蚯蚓、黑水虻等腐食性动物，实现养殖废弃物无害化的粪污资源化利用模式。这种模式与传统利用微生物进行畜禽粪污无害化处理的理念不同，利用腐食性动物的生物学特征，通过动物蛋白将畜禽粪污转化为质地均匀、无臭无害、与土壤性状相近的有机质，施用于土壤后，其丰富的养分容易被植物吸收利用，能够显著降低堆肥体系中病原菌的丰度（倪少仁等，2020），极具卫生技术利用前景。蚯蚓、蝇蛆等本体是高蛋白饲料，将其饲喂鱼虾及禽类具有很高的经济价值。

不同畜禽粪便由于具有不同特点，对于腐食性动物养殖有不同的处理要求。以蚯蚓养殖为例，其养殖环境在碳氮比、pH 值、湿度、温度等方面有不同的要求。相关研究表明，在养殖物料碳氮比为 25，温度为 15～25 摄氏度，湿度为 60%～70%，pH 值为 6～9 时，最适宜蚯蚓生长繁殖。在不同畜禽粪便中，牛粪（鲜粪）物理化学性状与蚯蚓养殖物料要求接近，且重金属、抗生素等含量较低，无须堆肥处理即可用于蚯蚓养殖。

（四）生物质燃料回用

将肉牛干清粪脱水加工，压制成固体生物质燃料（碳棒、蜂窝煤等），是肉牛粪污清洁回用模式之一。生猪、禽类粪污燃烧时会产生恶臭气体，均不适用于此模式。肉牛粪便的热值虽为煤炭的 70%～80%，但牛粪压制成型的燃料块燃烧效率是煤的 1.3～1.5 倍，单位牛粪燃料块的热量利用率与单位煤的利用率基本相同。牛粪制成的生物质燃料燃烧时火苗高,完全燃烧后灰烬细腻,可用作无机肥料。牛粪含硫量(0.16%~0.22%)远低于煤炭(1%~3%),燃烧时排放的废气中无 CO,烟尘(127mg/m³)、NO_2(14mg/m³)、SO_2(16mg/m³)含量远低于国家标准,是一种安全环保的绿色清洁能源,有"零排放能源"的美誉,适合所在城市工业燃煤需求量较大地区且具有一定规模的肉牛养殖场。

三 种养结合模式

种植业和养殖业是人类分别利用植物、动物的生理机能与自然进行物质交换,以获取生存发展资料的生产部门。种植业产物中,仅有 25%左右的有机物质可直接被人类利用,其余 75%通过粗加工基本可由养殖业转化为畜产品;养殖业中,动物将饲喂饲料的 15%~30%的有机物质转化为肉、蛋、奶等畜产品,其余 70%~85%的营养物质通过粪尿代谢出体外。这些养殖废弃物在为种植业提供养分资源的同时改良土壤性状,增强土壤调节水、气、热的功能,具有无机化肥不可替代的改善农田生态系统的作用,为种植业永续发展创造了条件。

种植业和养殖业相互结合发展的生态模式,通过动物能与植物能的有机转化,形成相互循环的生物链,实现资源高效利用,优化人类生存空间,是农业废弃物治理和资源化利用的有效途径。种养结合涵盖范围广泛,包括种植业中的大田作物、经济作物,养殖业中的畜牧业、渔业、特种养殖业。因此,种养结合模式下,养殖废弃物资源化利用方式因种养品种、生产地区不同而形成不同的产业链发展模式。

肉牛养殖废弃物单位产量大,是中国第二大产污畜种,且随着肉牛养殖业的发展,废弃物总量也不断增加。虽然单位肉牛粪污中污染物含量,也即养分含量与猪粪、禽粪相比较低,但作为个体庞大的草食性畜种,其粪污中重金属、抗生素等有害物质含量也较低,在资源化利用中的技术难度相对较低。然而,在单位面积的农田中,肉牛粪污使用过量的现象较为普遍,受土壤富集作用的影响,肉牛粪污的土壤综合污染指数在主要畜种中最高(杨育林等,2009)。

（一）堆肥还田模式

堆肥还田是最传统、简易且最经济适用的肉牛养殖废弃物处理方式，是中国古代朴素循环经济的传承，是当下中国肉牛养殖户最主要的养殖废弃物资源化利用模式。堆肥还田技术门槛低，设施设备投入少，成本低，操作简易，便于与种植业结合，能实现种养废弃物多层次利用，促进小农生产良性循环。

（二）氧化塘处理模式

氧化塘处理模式需要对肉牛养殖废弃物进行固液分离，使干粪堆肥发酵、粪水排入氧化塘，利用藻菌共生系统净化污染物，实现粪水无害化处理。氧化塘可以在荒废河道、废弃的水库、沿洋等选址建设，也可修建覆膜式人工氧化塘、人工湿地。经氧化塘处理后的粪水可用于种植业灌溉，也可用于水产养殖。氧化塘处理模式适用于大规模肉牛养殖场，氧化塘本身基建投资不高，运转和维护简单，技术难度较低，但粪水处理易受气候影响，池塘占地面积较大，易产生臭气，环境感官较差；池底污泥虽可肥田，但排出存在一定难度。

（三）沼气工程模式

沼气工程模式是指以沼气池为纽带，将农牧废弃物排入池中，利用厌氧发酵，产出可发电、供热的沼气，可供农田、果蔬园及水产养殖利用的沼渣沼液的种养结合的农牧废弃物资源化利用模式。经厌氧发酵的养殖废弃物，营养物质含量没有损失，但鲜粪尿中的病菌和虫卵等病原体被厌氧消化，保证了沼渣沼液还田的生物安全性。采用沼气工程模式处理养殖废弃物的肉牛养殖场规模不受限制，但需配备农田消纳沼渣沼液，或与周边种植农户达成合作。沼气工程建设有一定技术要求，初始投资较高，且受气候条件限制，中国南方地区较为适宜，北方地区则易受季节影响，产气量不稳定。冬季增添加热设备则会提高成本投入，增加能耗。

结合清粪工艺的不同，沼气工程也有好氧处理模式，适用于冲洗水量较大的水冲粪、水泡粪的生猪和奶牛规模化养殖场，肉牛养殖场并不适用。也有结合氧化塘处理模式的自然生态处理模式，但是此种模式不仅占地面积大，废弃物处理效率和资源化利用程度均比较低下，经济效益也不高，适宜经济欠发达、人口稀少、土地资源富裕且价格低廉的南方偏远区域，少有肉牛养殖场采用此种模式。

（四）商品有机肥加工模式

商品有机肥加工模式，即通过建设商品有机肥生产线，将肉牛养殖废弃物加工成便于运输、销售的粉状、颗粒状或包装液态的生物质肥料的废弃物处理模式。该模式对资金、技术要求都比较高，设施设备投入较大，可根据不同需求生产专用有机肥，既可实现养殖区域内的资源循环，也可供给区域外的有机肥市场。

四 集中处理模式

随着专业化、区域化和规模化养殖的发展，部分肉牛养殖户没有配备可供养殖废弃物消纳的农田，种养分离带来了资源浪费和农村人居环境恶化。肉牛养殖仍以散养户和小规模养殖户为主，小而分散的养殖场养殖规模波动较大，管理水平较低，环保意识较为薄弱，牛场设施简陋，不利于废弃物资源化利用效果和效率的提升。加之农村"空心化"，农村劳动力流失，而农家肥施用较化肥烦琐，大量养殖户弃之不用，集中处理模式便应运而生。

集中处理模式是在养殖密集区，依托规模养殖场或委托相关企业，建设专业化养殖废弃物处理中心，吸纳区域内散养户的养殖粪污，依据区域条件，选取适宜方式集中进行无害化处理和资源化利用的养殖废弃物处理模式。

集中处理模式与大规模养殖场废弃物处理工程类似，但拥有更大的优势。首先，集中处理模式具有更明显的社会效益，能吸纳区域内种养废弃物，改善区域人居环境；生态农资应用于区域内的农业生产，能提高区域内农产品质量，提高农业产值，增加本地农民收入；供给区域外有机肥市场，能打破本地农田无法消纳养殖废弃物的困境。其次，集中处理模式更具废弃物处理专业性，它以处理养殖废弃物为主业，而非附加产业，可以全力提高废弃物处理水平。生产设施设备利用率高，易实现规模效益，生产管理也更加精细化；汇集专业技术力量，促进废弃物处理技术创新升级；产出产品也更加专业化和多元化，且品质易实现标准化。按投资主体不同，集中处理模式分为政府引导、企业主导和三方合作（PPP）三种主要模式。

五　达标排放模式

达标排放模式的治理对象为畜禽养殖场的粪水，包括畜禽尿液、饮水滴漏、圈舍清洗用水、降温用水以及养殖场生活污水等。粪水中富含污染物，利用物理技术（沉淀、过滤、离心分离等）、化学技术（中和法、氧化还原法、离子交换法等）、生物技术（好氧技术、厌氧技术）、自然处理技术（自然光照、自然氧化）等，使粪水达到相关排放标准的模式即为达标排放模式。随着国民环保意识的增强，已有标准（《畜禽养殖业污染物排放标准》）已不能满足环境保护的要求，新标准尚未出台，参考地方出台的新标准，排放参数限制不断降低。单一技术措施无法满足修订后的排放标准，结合养殖场不同情况，需组合使用各种处理技术。经处理达标的粪水可用于农田灌溉，在一定程度上能缓解水资源匮乏地区的农业用水压力。

第三节　中国肉牛养殖废弃物资源化利用特征
与存在的问题

一　中国肉牛养殖废弃物资源化利用特征

（一）肉牛养殖废弃物资源化利用按规模可分为分散型和集中型两大类

肉牛养殖废弃物资源化利用，即通过生态环境保护措施或工程，将肉牛养殖废弃物转化为肥料、能源或种植/养殖基料等（农业）生产、生活的再投入品，实现由废弃物向资源化产品转化与循环的行为。结合肉牛养殖规模、养殖废弃物资源化空间特征，将现阶段中国肉牛养殖废弃物资源化进行分类（见表4-9）。分散型资源化利用，是指可以在肉牛养殖场范围内消化养殖废弃物，实现资源化利用。肉牛养殖户或养殖场自身或邻近周边有消纳养殖废弃物的需求和承载力。非规模化肉牛养殖场分散型资源化的主要方式为传统农家肥模式；规模化养殖场通过建设生态养殖场的模式实现养殖场内废弃物循环利用。集中型资源化利用需要借助资源化产业链来实现废弃物资源化，即废弃物产生地与消纳地在地理空间上是割裂的，自身及周边无力消化。集中型资源化利用可以借助第三方，统一收集、集中处理。规模化养殖场具备资本实力，可以自行构建废弃物资源化产业链，实现集中利用。

表4-9　不同规模肉牛养殖废弃物资源化类型

分类	分散型资源化	集中型资源化
规模化养殖场	［生态养殖场模式］ ◇养殖场内部消化，实现废弃物循环利用 ◇养殖场周边农户共同消化	［规模经济型模式］ ◇养殖场以实现资源化产品的规模经济为目标，形成资源化产品产业链 ◇市场机制下资源化产品流通
非规模化养殖场	［传统农家肥模式］ ◇养殖户自家农田消化 ◇供给邻里农户农田共同消化	［第三方收集综合资源化利用模式］ ◇废弃物产生地和消纳地分离，由专业第三方统一收集综合资源化 ◇市场机制下资源化产品流通

（二）肉牛养殖仍以散养为主，非规模化肉牛养殖户废弃物资源化利用方式单一

农业农村部对畜禽粪污的资源化利用方式做了约束性说明：排泄物在直接还田利用之前，为了保证安全施肥，防止畜禽粪便中的病菌再次传播，要求对需要还田的畜禽排泄物先进行无害化处理，再资源化还田。因此，严格意义上，未经无害化处理的畜禽粪污直接还田不应被纳入资源化利用范畴。

截至 2020 年，肉牛散养户仍然是中国肉牛养殖从业者的主体，中国肉牛养殖业发展规模化水平较低，虽然近年来规模化水平有一定提升，但散养户及中小规模养殖户仍是行业从业主体（见图 4-2）。2020 年 9 头及以下养殖户占比 93.46%，较 2005 年下降 3.54 个百分点，大中规模的养殖户占比虽有所增加，但是绝对数量自 2014 年后开始下降，无法撼动肉牛非规模化养殖户的主体地位。然而，肉牛养殖规模化水平直接影响肉牛养殖废弃物资源化利用的方式和水平。虽然自 2017 年国家发展改革委和农业部出台《全国畜禽粪污资源化利用整县推进项目工作方案（2018—2020 年）》以来，仅有部分养殖规模达标的畜牧大县得到国家政策支持，建立起畜禽废弃物集中处理中心，服务于没有条件达到废弃物资源化规模经济的养殖户，但是这些集中型畜禽废弃物资源化处理中心的覆盖面毕竟有限，特别是对于养殖规模化水平相对较低的肉牛养殖，非规模化肉牛养殖户的废弃物资源化利用以分散型传统农家厩肥为主，堆肥时间与方式、添加辅料数量和种类等因地区、养殖户而不同。

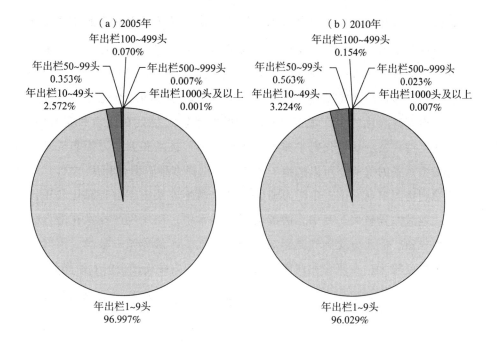

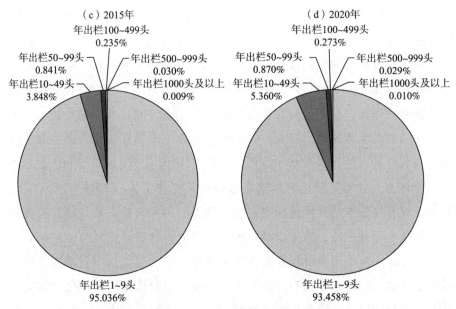

图 4-2　2005~2020 年中国肉牛养殖规模变化

资料来源：《中国畜牧兽医年鉴》（2006~2021 年）。

（三）肉牛养殖废弃物资源化利用技术模式繁多，存在明显地域差异

肉牛养殖场废弃物资源化按照源头减量、清洁回用、种养结合、集中处理和达标排放五大技术模式，又分为十多种资源化利用方式。结合肉牛养殖场的具体资源禀赋及养殖户的个体选择，具体实践中细化的技术种类繁多，没有标准化的生产规范，且更多的技术模式仍处在探索和实验中，实用性有待评估。规模化肉牛养殖场具有资金、技术和劳动力等非规模化养殖场不具备的优势，可以选择一种或同时选择多种资源化利用方式。

受到资源禀赋和生产生活习惯的影响，肉牛养殖废弃物资源化利用技术模式地域差异较大。其中，能源化利用技术中，沼气生产技术在南方已经较为成熟，但北方受到气温影响，选择沼气生产的养殖户较少，沼气技术推广难度较大；在西北和西南牧区，牛粪是少数民族传统的农家燃料。

（四）肉牛养殖废弃物规模化资源化运行及管理主体结构不同且各具优势

规模化肉牛养殖废弃物资源化的主体可以分为集中处理中心（政府）

主导型、养殖企业（场）主导型、有机肥生产企业主导型和种植企业（农场）主导型四种主要运行模式。

集中处理中心多出政府出资、主导建设、组织运行并监督管理，主要依赖地方政府财政能力，具有公共物品性质，也涌现出一批政府和社会资本共建的、多主体合作的 PPP 模式的畜禽粪污处理项目。集中处理中心（政府）主导型在运行、推广方面具有绝对优势，可以吸纳、带动小规模养殖户，有利于实现处理中心覆盖区域内的农业农村生态平衡与发展。PPP 模式在社会多方投资支持下，可以适当扩大养殖废弃物资源化项目的规模，在缓解政府财政压力的同时，有助于提升项目运行效率和工程品质。

养殖企业（场）或种植企业（农场）主导型即由肉牛养殖企业（场）或农作物种植企业（农场）主导建设的养殖废弃物处理工程，政府给予一定补贴并行使监督职责，但工程运营、组织管理都由养殖、种植企业（场）负责。其中，肉牛养殖企业主导模式大多是为了处理本企业肉牛养殖链末端废弃物而非延长养殖产业链，虽然就地处理废弃物的运输成本低，但固定资产投资较高，且资源化产品市场发育尚不成熟，导致其生产积极性较弱，肉牛养殖废弃物利用水平较低。随着经济效益的凸显、资源化产品市场发育的逐步健全，养殖企业（场）在养殖废弃物资源化生产环节的主观能动性会有极大改善。种植企业（农场）是种养结合模式下，肉牛养殖废弃物资源化产品的主要需求方和消纳者，处理和利用畜禽养殖废弃物时可以根据种植农作物需求生产不同的配方有机肥、栽培基质等，使得废弃物资源化水平提高，环境友好。但种植企业（农场）主导型养殖废弃物资源化利用项目建设以靠近原料产地为宜，需要政府补贴等政策支持。

二　中国肉牛养殖废弃物资源化利用存在的问题

（一）非规模化养殖户对养殖废弃物认识不足、环保意识不强

在很长一段时间内，非规模化养殖户仍然是中国肉牛养殖的主体，是肉牛市场主要供给者。大多数非规模化养殖户受教育水平有限，接受新事

物能力较差，习惯性地采取简易堆肥或直接还田方式处理肉牛养殖废弃物。非规模化从业者对于肉牛养殖废弃物对环境的影响认知不足，没有强烈具体的环保意识，且群体庞大，导致监管困难。如何引导和激励非规模化肉牛养殖户，提高他们对肉牛养殖废弃物危害和环境保护重要性的认知，规范其堆肥还田行为，弱化肉牛养殖废弃物资源化负面溢出效应，是当下面临的主要问题。

（二）资源化利用方式粗放、行为传统，利用水平不高

肉牛养殖场几乎没有污水排出，多以干清粪方式处理养殖废弃物，尿液多蒸发或渗入地下。随着产业发展水平和环境保护要求的不断提升，一些大规模的肉牛养殖户对原有肉牛养殖场进行改造，特别是在适合发展沼气生产的南方地区，肉牛养殖场污水（尿液和雨污等）得到了治理和资源化利用。但是从行业整体情况来看，肉牛养殖废弃物中，粪便资源化利用水平较高，而肉牛尿液及养殖场污水却没有得到重视，是肉牛养殖场环境治理的重大隐患。

（三）政府缺乏对非规模化养殖户的相关政策设计与支持

虽然中国畜牧养殖废弃物资源化相关政策逐步完善，政府对养殖废弃物污染问题的重视程度有目共睹，但规划、方案、意见等畜牧业生产环境相关监管政策的实操性却较差，尤其是针对非规模化养殖户相关政策与规制的更是寥寥无几，非规模化养殖户环保压力几乎为零，并无外在强制力迫使其改变传统低水平的养殖废弃物处理方式，因此难以适应社会生产和环境保护的要求。同时，对于生态效益和社会效益远高于经济效益的养殖废弃物资源化项目，初期投资成本负担较大，短期经济效益甚微，且尚未有明确的针对非规模化养殖户的资金支持来弥补私人成本的损失和个人福利水平的下降，因此理性养殖户参与其中的积极性必然较差。

（四）养殖废弃物资源化产品缺乏统一标准、市场不健全

当前，中国养殖废弃物资源化产品生产行业的准入门槛较低，尚未出台相关产品生产规范、产品标准以及监管机制，造成了资源化产品质量参差不齐、市场混乱，这为下一环节的农业生产带来了隐患。

| 第五章 |

中国肉牛养殖废弃物资源化利用生态补偿相关利益主体博弈分析

　　前述章节主要对中国肉牛养殖废弃物资源量、价值量进行了核算，梳理了中国政府与畜禽养殖废弃物监管相关的政策沿革，总结了肉牛养殖废弃物资源化利用模式和方法。近年来，国家对于农业面源污染的关注呈现严密状态，政策设计也日臻成熟，资源化利用具体模式也呈现多元化发展，但是肉牛养殖废弃物资源化仍囿于利用方法单一、水平不高的现状，停滞不前。

　　肉牛养殖户是养殖废弃物处理的直接行为者，却不是肉牛养殖废弃物资源化唯一的利益相关者。肉牛养殖废弃物资源化的过程，也是其负—正外部性转化的过程。肉牛养殖户在支付资源化成本的同时，也提供了生态产品。肉牛产品及其消费者也是肉牛养殖废弃物资源化所创造生态价值的无偿享受者；政府部门是公共事务的管理者，负有提供生态公共产品的责任和义务，肉牛养殖废弃物资源化具有生态效益，属于公共产品的范畴。但是，中国肉牛养殖废弃物的治理，始终表现为"政府监管养殖从业者"的二元模式。作为环境利益直接相关者之一的社会公众，特别是肉牛消费者，长期被排除在养殖废弃物治理环节之外。

　　肉牛养殖户是否应当承担肉牛养殖废弃物资源化的全部相关成本？肉牛产品的消费者在创造消费需求的同时，是否应当分担肉牛养殖的生态行为成本？政府作为监管者，是否应当为肉牛养殖户处理养殖废弃物的行为提供补贴？抑或将养殖废弃物资源化后的生态产品市场化，以实现废弃物的价值转化？肉牛养殖废弃物资源化利益相关者之间博弈关系又是如何？这些问题是本章要解决的主要问题。

第一节　博弈论分析的可行性

博弈论也称对策论，是利用数学方法将对弈局势中激励结构间的相互作用公式化，预测和优化局中各方行为的理论和方法，被研究者广泛地应用于自然和社会科学的各个领域。

博弈思想在中国可以追溯至春秋时期，"博弈"二字最初指代"六博"游戏和围棋，朴素博弈思想在传统游戏对战策略中得以演绎；"兵学圣典"《孙子兵法》被认为是最早的博弈论著作。西方学者策梅洛（E. F. F. Zer-melo）、波莱尔（E. Borel）和冯·诺伊曼（J. von Neumann）是现代博弈论的先驱。冯·诺伊曼对博弈论进行了纯粹数学形式的阐述，他与摩根斯特恩（O. Morgenstern）的共同著作《博弈论与经济行为》奠定了博弈论理论体系的基础。他们用现代数学理论将二人对弈推广至多方博弈，并详细说明了博弈论在现实经济社会中的应用。1950 年美国数学家、经济学家约翰·纳什（J. Nash）进一步发展了博弈论，开创了"非合作博弈"思想，将博弈论扩展到涉及合作与竞争的各领域博弈之中，与冯·诺伊曼共筑起博弈理论体系的"大厦"，并因此获得诺贝尔经济学奖。在此之后，经过众多学者的努力，博弈论已发展成为一门较为完善的学科，是主流经济学研究中不可或缺的标准分析工具。

博弈论有五大核心要素，分别为参与人（Players）、策略（Strategies）、得失（Payoffs）、博弈次序（Orders）和博弈均衡（Equilibria）。参与人，也称为局中人，局中人的数量至少为两人，两人时为"两人博弈"，多于两人则为"多人博弈"；策略是局中选择的行动方案；博弈的结果被称为得失，包含博弈结束时局中所有参与者的结果，局中人的得失是策略选择的结果，对应一组策略函数；次序为博弈方决策的先后顺序，次序不同，博弈的得失不同；均衡泛指局中最优策略组合。

博弈论主要有以下几种分类基准：按照局中人数分为"两人博弈"和"多人博弈"；按照局中策略数量可分为"有限博弈"和"无限博弈"；按照研究范式不同，博弈论分为传统博弈论和演化博弈论；考虑行为的时间序列性，按照博弈参与人是否存在先后顺序，可划分为动态博弈和静态博弈；按照约束性协议达成与否，博弈论可划分为非合作博弈和合作博弈；根据知识和信息的了解程度，还可将博弈论划分为完全信息博弈和不完全信息博弈。

具有对立或竞争性质的行为均可称为博弈行为，经济社会中的博弈行为无处不在。竞争或利益冲突的对弈局势中，局中人会在权衡对手可能的行为选择后，理性做出达成个人目标或维护自身利益的行为选择。博弈论有"社会科学的数学"之称，运用博弈论剖析经济现象的过程，简单来说就是运用数学语言，从复杂的博弈现象中抽象出的基本元素量化，构成数学模型，并逐步引入各影响因素，分析模型的运行结果，即博弈均衡。

运用博弈论分析肉牛养殖废弃物资源化问题具有坚实的理论基础。作为农业面源污染的"主力军"，畜禽养殖废弃物的处理不仅是养殖户的生产负担，也是政府管理部门面临的棘手问题，环境污染更事关生活在其中的所有人的权益。肉牛养殖废弃物外部性的矫正需要付出额外的成本，在外部性内部化的过程中，生态效益的受益者众多，成本的直接承担者却只有肉牛养殖户。在无制度约束情况下，若遵循"看不见的手"的调节，肉牛养殖户为了追求利益最大化，不对养殖废弃物进行资源化利用，或者用最简便、生态效益较差的方式处理养殖废弃物，进入纳什均衡，则肉牛养殖废弃物外部性将由整个人类社会承担，每个人的权益都将受损。若由肉牛养殖户一力承担养殖废弃物资源化的成本，不仅有损养殖户，特别是有损非规模肉牛养殖户这一相对弱势群体的利益，还会产生"少数人负担、多数人受益""搭便车"等不合理现象，违背效率与公平原则，更会降低肉牛养殖户资源化养殖废弃物的积极性，使肉牛养殖业的可持续发展陷入"囚徒困境"。

厘清市场经济体制中肉牛养殖废弃物资源化利益相关者之间的成本效益关系，是缓和各方利益冲突，缓解人与自然、产业发展与生态环境矛盾的基础，更是相关生态补偿机制设计与构建中需要首先考量的问题。肉牛养殖废弃物资源化利益相关者之间的相互博弈，使得不同利益主体在做出行为选择时，不仅要考虑自身效用，也会受到其他利益主体抉择的影响。运用博弈论，系统分析肉牛养殖废弃物资源化相关利益主体的决策行为，对于平衡多个利益主体的成本效益、促进深度协作以提升肉牛养殖废弃物资源化水平意义深远。

第二节　肉牛养殖废弃物资源化利益相关者识别

肉牛养殖户和养殖企业是养殖废弃物资源化最直接的行为者，但随着养殖废弃物资源化蕴含价值的凸显，不乏第三方（企业、政府及相关组织）参与其中，各主体利益相互联结；肉牛养殖废弃物深度资源化，与传统朴素的堆肥还田相比，是一个复杂的系统工程，为实现其多方面价值，需要打破传统"二元治理模式"，各利益相关者应通力合作。肉牛养殖废弃物资源化，既创造了经济价值，使废弃物"变废为宝"，还实现了价值升华，发挥了良好的生态功能。考虑到肉牛养殖废弃物资源化的公共物品属性，借鉴 Freeman（1984）、何可（2016）的观点，本章将肉牛养殖废弃物资源化利益相关者界定为，能够在肉牛养殖废弃物资源化过程中获得收益的相关个体或群体。这里的收益不仅仅局限于经济利益，更需将事关人类社会可持续发展的社会与生态效益纳入考量。鉴于此，本节将肉牛养殖废弃物资源化利益相关者归纳为以下三类。

一　肉牛养殖户

肉牛养殖废弃物是肉牛养殖的副产物，于养殖户而言并非能够创造主营收入的主产物，是肉牛养殖活动负外部性的主要来源。在环保意识淡薄和环境承载力未满负荷时，养殖户可根据个体需要对肉牛养殖废弃物进行抛弃或再利用。但随着经济发展和人类社会的进步，单一从环境中索取的生产方式在逐渐改善，肉牛养殖产生的废弃物要以不损害生态环境的方式回馈到自然当中，肉牛养殖废弃物处置成为肉牛养殖过程中必不可少的一环。肉牛养殖废弃物资源化过程中，因资源化利用模式和经营管理方式不同，所产生的成本、带来的收益存在一定差异。对于具有天然弱质性的散养户或小规模养殖户来说，这一环节的增加和日渐严格的监管，为其整个养殖经营带来的大概率是经济负效应。但是无论养殖户在养殖废弃物资源化过程中收获的经济效益是正是负，肉牛养殖废弃物资源化具有共同的特点——都为人类社会提供了生态产品和服务，具有较强的正外部性。

在养殖废弃物资源化过程中，肉牛养殖户作为养殖废弃物资源化直接执行者、经济成本与收益的承担者，最直接享受到养殖废弃物资源化利用的生态效益，也是养殖废弃物资源化这一公共物品的直接供给者，具有多重利益属性，是首要利益相关者，是肉牛养殖废弃物资源化利益相关者的核心。

二　政府

在相关市场机制不完善的当下，中国生态环境的治理一般由政府作为公众利益的代表，扮演着监督者、服务者和补偿者的角色，一方面通过制定政策法规对生态环境破坏者进行规范监管、引导，另一方面通过转移支付的方式对生态保护执行者进行补偿，转移支付的资金主要来源于政府财政收入。因此，政府是肉牛养殖废弃物资源化生态补偿的直接投入者，弥补肉牛养殖户进行养殖废弃物资源化过程中边际私人收益与边际社会收益的不对等。在中国，中央政府为国家级行政机构，领导地方政府，共同代表社会公共权力并负责社会公共利益的实现。加强生态环境保护与治理，也是建设以公共利益为核心的服务型政府的核心内容之一。随着生态系统生产总值（GEP）的提出，GDP 和 GEP 双重指标有机融合，已成为政府政绩考核的发展方向。中央及各级地方政府对肉牛养殖废弃物资源化的生态补偿逐渐由投入主体的单一身份，向要素投入者和政绩受益者的双重身份转变。他们既是生态补偿机制设计者、物质承担者，也是间接受益者和利益协同者，是肉牛养殖废弃物资源化的主要利益相关者。

（一）中央政府

中央政府即国务院，是国家权力机关的执行机关，是各项政策的顶层设计者和管理者。肉牛养殖废弃物资源化的生态补偿机制的建立，需要中央政府自上而下的行政命令和财政支持，既要维持生态的可持续发展，维护当代人和后代人的生存和发展权益，也要确保"菜篮子"稳产保供，不断提升肉牛产品的安全供给能力。中央政府是肉牛养殖废弃物资源化生态补偿的全局引领者，需制定政策导向。

（二）地方政府

在科学发展观的指导下，2005 年 12 月，国务院发布了《关于落实科学发展观加强环境保护的决定》，设立了生态环境目标的地方责任制，将各级地方政府官员考核与生态环境发展目标紧密结合，以政策激励推动地方生态环境保护工作的开展。单一地以经济增长为主要指标来考核地方政府和官员的制度如泥牛入海。"十一五"规划明确提出了关于 COD 和 SO_2 两项污染物排放削减的约束性指标，国家环保总局（现生态环境部）依据各地方环保考核的具体要求，与各级地方政府签订减排目标责任书。环保考核作为一项典型的目标责任制的环境政策，成为各地方政府与其上级政府签订的责任协议的组成部分，充分体现了中国生态环境治理"委托—代理"特色。中央政府虽为肉牛养殖废弃物资源化生态补偿机制的设计者，但直接的监管和补偿主体为地方政府；同时，地方政府作为中央政府的被委托方，也可看作受到中央政府监管和补偿的客体。另外，中国行政村多达 70 多万个，单纯依靠中央政府财政转移支付难以为继，"治不起、治不净、治不到"（杜焱强等，2016）等问题很常见，无论从被考察的环境治理主体身份，还是得到中央专项资金等补偿客体身份来看，地方政府无疑是肉牛养殖废弃物资源化的主要利益相关者之一，应当从人、财、物等多方面履行相关职责。

三　肉牛消费者

20 世纪 90 年代以来，牛肉是中国肉类消费中增长幅度最大、增长速度最快的产品。2020 年城乡居民牛肉消费量分别为 3.1kg 和 1.3kg，占肉类总消费量的比重分别达到 11.31% 和 6.07%，而 1990 年牛肉的人均消费量仅为 0.9kg。随着肉类消费结构的不断调整，霍灵光等（2010）预测了 2050 年中国人均牛肉消费量将达到 14.49kg。由于国际环境不确定性较强，满足国内牛肉消费需求不能依赖国际市场，要把饭碗掌握在自己手中，需要通过增加国内肉牛供给来提高供给能力，肉牛养殖废弃物资源化压力随着养殖数量的增加而不断增大。

肉牛养殖废弃物直接排放所带来的潜在经济利益由肉牛养殖户享受，不利的环境影响需要由所有人来承担；肉牛养殖废弃物资源化消耗的经济利益由肉牛养殖户承担，而带来的生态价值却由所有人享受。考虑到社会福利的均等化，参与肉牛养殖废弃物资源化的利益相关者应包含不从事肉牛养殖但消费肉牛产品的公众。肉牛消费者仅在购买牛肉及其制品时支付了相应费用，却免费享受了肉牛养殖废弃物资源化带来的环境改善，可以视作一种免费消费环境公共物品的"搭便车"行为。随着物质生活水平的提升，城乡居民对生态环境的需求不断提升，按照"谁受益、谁付费"的原则，牛肉及其制品的消费者与肉牛养殖废弃物资源化密切相关。

第三节　肉牛养殖废弃物资源化利益相关者间的双方博弈分析

一　肉牛养殖户间的静态博弈

在养殖废弃物随意排放的情况下，从事肉牛养殖活动的农户为市场供应畜产品，可以看作农村环境破坏的"始作俑者"，也是环境破坏后果的直接承担者。肉牛养殖户参与养殖废弃物资源化的深度和广度，受到个人及家庭禀赋等多方面因素的影响，直接决定着肉牛养殖生产活动对环境影响的正负和农村环境治理的效果。鼓励与带动养殖户的广泛和有效参与，是肉牛养殖废弃物资源化的关键。

肉牛是个体体积和养殖废弃物单位排放量最大的畜种，肉牛养殖废弃物数量多，发酵过程中散发臭气和热量，实现资源化利用最简易的方法为堆肥还田。小规模肉牛养殖户大多出于方便、经济的考量，将养殖废弃物直接还田或堆放在田间地头，资源化利用效率低下，且对农业生产和农村生活环境产生负面影响。肉牛养殖废弃物资源化最基础的工作是废弃物的收集和储存，储粪池或堆粪场等基础设施不可或缺。对于规模化肉牛养殖场（户），废弃物贮存设施建设有较为明确的管理规定；而非规模化肉牛养殖户则常常陷入牛舍中的粪污不及时清理致使疫病传播的风险，清理出来的粪污又无处堆放发酵的困境，使得养殖废弃物资源化举步维艰。引导养殖户规范参与储粪池或堆粪场的建设，是广泛和有效参与肉牛养殖废弃物资源化的基础工作。

相较于城镇，中国农村属于"熟人社会"。受到受教育程度、有限理性小农的从众心理，以及"法不责众"的侥幸心理的影响，农业生产者的生产行为会受到周围农户，特别是亲戚、邻里的影响，也会受到被视为中国农村"社会货币"（宋言奇，2010）的信用与声望所累。何可等（2015）的研究表明，人际信任和制度信任对低学历农户参与环境治理意愿的影响具有显著正效应；农户对亲属、邻里的信任能够显著增强农户参与环境治理的意愿。因此，农业生产者在关注自身利得的同时，还会与周围农户进行比较并以此权衡自身的行为。高庆鹏和胡拥军（2013）认为，农户的有限理性和博弈知识结构与规则的欠缺，决定了他们主要依据对期望收益的差异来选择不同的博弈策略，期望收益的高低与对应策略被农户采纳的概率正相关。依据以上特征，以储粪池或堆粪场建设为例，分析养殖户在做出是否参与肉牛养殖废弃物资源化利用决策时彼此之间的相互影响与作用，模拟其博弈行为。

（一）博弈假设

1. 局中人及经济人假设

在养殖户间的博弈模型中，独立决策并且承担相应结果的局中人即为从事肉牛养殖的农户。为了简化分析，使局中人博弈关系更为清晰，假设博弈矩阵中只有养殖户 A 和养殖户 B，且 A、B 均是有限理性的经济人，构建仅有两人参与的储粪池或堆粪场建设的博弈模型。

2. 行为策略空间假设

局中人在博弈时所做的选择被称为策略。每位局中人都有很多选择，即存在不同的策略，所有选择情形即可以选择的策略的总体构成了策略空间。本章假设肉牛养殖户针对肉牛养殖废弃物资源化可选择的策略有两种——参与和不参与，则养殖户 A 和养殖户 B 博弈时构成的策略空间为有限策略集合：（A 参与，B 参与）；（A 参与，B 不参与）；（A 不参与，B 不参与）；（A 不参与，B 参与）。

3. 局中人收益假设

若肉牛养殖户 A 与 B 将养殖废弃物随意丢弃或直接还田，不视为资源化利用行为，即未付出养殖废弃物资源化相关成本，则其养殖肉牛的收入即为出售肉牛及其产品的收入，分别为 I_A、I_B。

若养殖户 A 和 B 选择参与养殖废弃物资源化，即参与建设储粪池或堆粪场，则叮分摊资源化成本 C；若仅一方参与，另一方不参与，则参与方负担全部成本。考虑到中国农村资源要素结构的独特性，养殖户选择参与与否，主要取决于其自身的价值观追求及其定义的效用最大化。而养殖户的价值观取决于自然、经济社会、乡风乡俗等多方面特定因素的综合（宋圭武，2002）。在建设储粪池或堆粪场的资源化行为中，养殖户无论贡献哪种生产要素，如资金、劳动力或土地等，都可以视为参与其中，只是参与行为的表现形式不同。为了简化分析，在双方博弈中，假设养殖户 A 或 B 只要参与其中，就分摊一半的成本，即 $C/2$。

肉牛养殖废弃物资源化后，养殖户可获得主营业务收入之外的收益（环境改善、肉牛疫病减少等）R_A 和 R_B，收益中也包含良好声誉、邻里关系和谐等，其中，R_A，$R_B \leqslant C/2$。

（二）博弈模型分析

表 5-1 列出了养殖户 A 与 B 关于修建储粪池或堆粪场博弈行为的收益矩阵。当养殖户 A 与 B 同时选择不参与养殖废弃物资源化时，即均不参与储粪池或堆粪场的建设时，收益矩阵为 (I_A, I_B)；当养殖户 A 与 B 均选择参与养殖废弃物资源化时，收益矩阵为 $(I_A+R_A-C/2, I_B+R_B-C/2)$，由于 R_A，$R_B \leqslant C/2$，此时 A 与 B 的收益都小于不参与时的收益；当养殖户 A 参与而 B 不参与时，二人的收益矩阵为 (I_A+R_A-C, I_B+R_B)，此时养殖户 B 的收益不仅包括养殖收益，还包括了"搭便车"，即享受养殖户 A 资源化行为带来的收益，资源化成本由 A 一方承担；当养殖户 A 不参与而 B 参

与时，收益情况相反。因此，对于养殖户 A 来说，无论养殖户 B 是否选择参与储粪池或堆粪场建设，其最优策略均为不参与，反之亦然。养殖户 A 与 B（不参与，不参与）策略构成了一个博弈的纳什均衡。在没有外在约束或监管的情况下，作为"理性经济人"的肉牛养殖户 A 与 B 除了消纳部分个人所需的养殖废弃物之外，并不会付出额外成本对其余养殖废弃物资源化，也不会因此影响其养殖经营收益。虽然"不参与"策略下养殖户个人实现了收益最优化，但是这种"个体理性行为"并未实现帕累托最优，将会导致"公地悲剧"式的"集体行为非理性"，社会总收益最低，使肉牛养殖废弃物资源化陷入"囚徒困境"。

表 5-1 养殖户间的博弈模型收益矩阵

双方博弈主体策略		养殖户 B	
		参与	不参与
养殖户 A	参与	$(I_A+R_A-C/2,\ I_B+R_B-C/2)$	$(I_A+R_A-C,\ I_B+R_B)$
	不参与	$(I_A+R_A,\ I_B+R_B-C)$	$(I_A,\ I_B)$

二 政府与肉牛养殖户间的静态博弈

政府是社会公共事务的监管主体，长期以来，无论是城市地区还是农村地区，中国环境保护相关工作基本由政府主导，维护公众环境权益，追求社会利益最大化。政府作为公众利益的代表，扮演着监督者、服务者和补偿者的角色，一方面通过制定政策法规对生态环境破坏者进行规范监管、引导，另一方面通过转移支付的方式对生态保护执行者进行补偿。

特别是近年来生态文明建设已上升到与物质文明、精神文明建设同等重要的地位，各级政府对于环境保护工作均倾注了更多的关注与努力。传统种植业发展需要人或动物的排泄物以增加土地肥效，养殖废弃物和农村人居废弃物得以循环利用，而在农药化肥助力下快速发展的种植业由于有机肥完全替代，已无法满足"端好饭碗"的发展需求；同时，受化肥施用简便、有机肥市场滞后等因素影响，人畜产生的废弃物由农用物资转变成给城乡环境带来污染压力的废弃物。通过上一节的养殖户博弈模型，肉牛养殖户为追求自身收益最大化的经济目标，在没有外界约束的条件下不愿投入成本实行养殖废弃物的资源化，与现阶段政府追求的生态文明建设前提下的乡村振兴社会目标存在差异与冲突，即个人理性与集体理性的不统一，是政府自上而下环境规制政策失灵的根源所在。

现阶段，肉牛养殖废弃物资源化，特别是对于散养户和小规模肉牛养殖户的养殖废弃物资源化，并没有成熟的适应性技术或模式。大多数散养户及小规模养殖户没有修建废弃物的堆放场所，遑论干湿分离等进阶措施，资源化行为最多就是传统的简易堆肥直接还田。若没有政府监管、引导和补贴，散养户及小规模养殖户大概率不会改变现有处理养殖废弃物的朴素方式。政府负责制定规则并进行监督，同时也是利益追逐者，与肉牛养殖户既是利益共同体又存在冲突，造就了二者之间复杂的博弈关系。解构养殖户与政府之间的博弈关系，剖析养殖户和政府在肉牛养殖废弃物资源化中的策略选择及博弈进程是"破局之道"。

（一）博弈假设

1. 局中人假设

肉牛养殖户是肉牛养殖废弃物资源化的主体，政府是肉牛养殖废弃物资源化的引导者和监管者，二者都具有经济人特征，构成双人博弈中的参与主体。为了简化分析，假设养殖户 A 和政府 G 分别代表各自的主体参与博弈。

2. 行为策略空间假设

养殖户是肉牛养殖经营者，理所当然会选取包括末端废弃物处理行为在内的成本最低、效益最高的养殖方式。一方面，直接抛弃是人财物成本最低的废弃物处理方式，尤其是家庭经济实力较弱的散养户/小规模养殖户，对于养殖废弃物资源化的热情并不高。另一方面，废弃物清理、存放以及资源化，直接影响肉牛养殖疫病防控；并且，养殖户对于优良生活环境的要求也越来越高，清洁生产对于养殖户生活幸福感提升乃至乡村振兴，都发挥着至关重要的作用。因此，肉牛养殖户对于养殖废弃物资源化存在两种策略选择：参与和不参与。

在自上而下的治理体系下，政府的政策对于养殖户环保行为产生了重要影响。通常在不考虑资源状况、家庭禀赋的情况下，行政约束越严格，肉牛养殖户参与废弃物资源化的可能性越大；经济激励越可观，肉牛养殖户参与的积极性越高。若政府为了控制行政成本无作为，或考虑当地经济发展，无视或忽视不利于生态环境的生产行为，即不监管，那么肉牛养殖户就会做出自身利益最大化的选择；反之，政府可以采取强引导政策措施，严格监管，赏罚分明，规范肉牛养殖户的生态行为。因此，在肉牛养殖废弃物资源化中，政府有两种策略选择：监管和不监管。

养殖户 A 和政府 G 博弈时构成的策略空间为有限策略集合：（A 参与，G 监管）；（A 参与，G 不监管）；（A 不参与，G 监管）；（A 不参与，G 不监管）。

3. 局中人收益假设

假设肉牛养殖户 A 选择不参与养殖废弃物资源化时的原始收益为 I_A，选择参与时支付的成本为 C_A，获得的政府发放补贴为 S_G，此时政府 G 和养殖户 A 都能获得肉牛养殖废弃物资源化带来的生态环境效益的增值 B。从政府的角度来说，假设政府 G 原始收益为 I_G，若选择对肉牛养殖户 A 的生产行为进行监管，若养殖户 A 参与废弃物资源化，则 G 需要向 A 发放补贴 S_G；反之，则对 A 处以罚款 F_G。并且，假设政府 G 的补偿标准 $S_G \geq B - C_A$，生态补偿支出小于获得的生态效益，即 $S_G \leq B$。肉牛养殖户和政府间的博弈收益矩阵见表 5-2。

表 5-2　养殖户与政府间的博弈模型收益矩阵

双方博弈主体策略		政府 G	
		监管	不监管
养殖户 A	参与	$(I_A + S_G - C_A + B,\ I_G - S_G + B)$	$(I_A + B - C_A,\ I_G + B)$
	不参与	$(I_A - F_G,\ I_G + F_G)$	$(I_A,\ I_G)$

（二）博弈模型分析

表 5-2 列出了养殖户 A 与政府 G 在不同策略选择下博弈行为的收益矩阵。当肉牛养殖户 A 和政府 G 在养殖废弃物资源化中均选择无作为，即政府不监管、养殖户不参与时，A 与 G 的收益矩阵为 $(I_A,\ I_G)$；当养殖户 A

参与肉牛养殖废弃物资源化且政府 G 进行监管时，A 与 G 的收益矩阵为 $(I_A+S_G-C_A+B$，$I_G-S_G+B)$。当养殖户 A 参与肉牛养殖废弃物资源化但政府 G 不进行监管时，A 与 G 的收益矩阵为 $(I_A+B-C_A$，$I_G+B)$。当政府 G 进行监管但肉牛养殖户 A 选择不参与养殖废弃物资源化时，A 与 G 的收益矩阵为 $(I_A-F_G$，$I_G+F_G)$。

从政府 G 的角度看，当养殖户 A 参与肉牛养殖废弃物资源化时，政府 G 监管时的收益小于不监管时的收益，即 $I_G+B-S_G<I_G+B$，政府占优策略为不监管；当养殖户 A 不参与时，政府 G 监管时的收益大于不监管时的收益，即 $I_G+F_G>I_G$，此时政府占优策略为监管。

从养殖户 A 的角度看，若政府对废弃物资源化行为进行监管，养殖户 A 参与养殖废弃物资源化和不参与时的收益分别为 $I_A+S_G-C_A+B$ 和 I_A-F_G，此时若政府补贴与生态效益的和大于参与资源化付出的成本，养殖户 A 的占优策略为参与，因为不参与收益显著为负；若政府采取不监管的态度，养殖户 A 参与养殖废弃物资源化和不参与时的收益分别为 I_A+B-C_A 和 I_A，若生态效益大于资源化参与成本，则养殖户 A 的占优策略为参与。因此，当养殖废弃物资源化获得的生态效益高于资源化成本时，无须政府监管，养殖户 A 的占有策略一定是参与；但若政府部门的补贴与生态效益的和都无法覆盖资源化成本，在权衡监管处罚和参与资源化的成本负担后，养殖户才能做出策略选择。

在资源化产品市场尚未规范、完善的现今，肉牛养殖废弃物资源化的市场价值转化并不乐观，难以达到养殖户的期望，不足以驱动肉牛养殖户资源化行为。在环保意识较弱且追逐物质水平提升时，养殖户不愿意放弃自身利益来实现社会福利改进。同时，中国肉牛养殖仍以小规模养殖户为主，政府不可能也无力支付足以覆盖养殖废弃物资源化成本的全部补贴。

三　肉牛养殖户与肉牛消费者间的静态博弈

肉牛养殖废弃物资源化行为不仅有利于养殖健康环境的维护、降低养殖疫病风险，使资源化产品进入农业生态系统，形成物质循环闭环，更有利于整个生态环境可持续发展的维护。生态环境属于公共物品，具有消费拥挤、使用过度、供给不足的特征，因此肉牛养殖废弃物资源化问题也具有社会公共事务的性质，其治理及资源化的低效率，不仅是肉牛养殖户的"违规困局"，也是政府监管部门的"监管困局"，更是社会系统的失灵，需要社会共治、公众参与。创造需求的牛肉及其制品的消费者，负担一定的环境治理相关费用理所应当。本质上，消费者向养殖户支付一定的养殖废弃物资源化费用，可以看作环境治理成本的部分转移或转嫁。这种由消费者参与的养殖废弃物资源化共治制度极有可能成为解决资源环境保护问题的有效思路。

（一）博弈假设

1. 局中人假设

在本节第一部分的博弈关系中，只有养殖户作为局中人参与博弈；本部分中，博弈模型的参与者由养殖户和消费者两方组成，且假设只有养殖户 A 和消费者 C，他们均为理性行为人。

2. 行为策略空间假设

肉牛消费者创造了消费需求，促进了包括肉牛养殖业在内的肉牛产业的发展，肉牛消费者对牛肉及其制品的消费在质和量上都有了更高的需求。从养牛役用到役用牛的"消逝"，中国牛肉消费量增长快速，2019 年中国城镇和农村居民的牛肉人均消费量分别达到 2.95kg 和 1.24kg，与消费需求量同步提升的还有牛肉质量。肉牛安全、绿色养殖与加工受到越来越多消费者的重视。尤其是肉牛养殖，作为上游环节，是牛肉产品供给源头，在产业绿色发展中处于重中之重。肉牛绿色养殖不仅体现在饲料、兽药等方面，养殖废弃物处理同样举足轻重。养殖废弃物及环境的管理不仅事关肉牛健康，有利于肉牛疫病的防控，促进食品安全发展，更对农业面源污染控制和生态环境保护意义重大。因此，由消费者承担部分肉牛养殖废弃物处理成本，合乎情理。但是牛肉价格在肉类产品中本就处于高位，在原有高价基础上添加环保支付，对于部分消费者来说是难以接受的，因而他们可能会拒绝购买牛肉而选择其他肉类作为替代品。因此，肉牛消费者对于肉牛养殖废弃物资源化成本支付的选择策略有两种：支付与不支付。

与肉牛养殖户之间的博弈、肉牛养殖户与政府间的博弈相同，在与消费者的博弈中，肉牛养殖户同样拥有两种策略选择：参与和不参与。

3. 局中人收益假设

假设肉牛养殖户 A 选择不参与养殖废弃物资源化时的原始收益为 I_A，选择参与时支付的成本为 C_A，获得的相关收益为 R_A；此时消费者因肉牛养殖户生态行为而得到的生态系统服务和牛肉及其制品的绿色安全性等方面的价值为 E_C。从消费者的角度来说，消费者 C 若选择支持肉牛养殖绿色发展并愿意进行环保支付，则假设补偿金额为 P_C；若不愿意支付补偿，则其原始收益为 I_C。为方便下文博弈模型的分析，假设肉牛养殖户 A 和消费者 C 的原始收益，即养殖户不参与、消费者不支付的收益为 0，也即 $I_A = 0$，$I_C = 0$；且消费者 C 的环保支付 $P_C \geq R_A - C_A$；同时，环保支付不大于消费者得到的生态系统服务和牛肉及其制品的绿色安全性等方面的价值，即 $P_C \leq E_C$。肉牛养殖户和消费者间的博弈收益矩阵见表 5-3。

表 5-3　养殖户与消费者间的博弈模型收益矩阵

双方博弈主体策略		消费者 C	
		支付	不支付
养殖户 A	参与	$(I_A+R_A-C_A+P_C,\ I_C+E_C-P_C)$	$(I_A+R_A-C_A,\ I_C+E_C)$
	不参与	$(I_A+P_C,\ R_C-P_C)$	$(I_A,\ I_C)$

（二）博弈模型分析

表 5-3 列出了养殖户 A 与消费者 C 在不同策略选择下博弈行为的收益矩阵。当养殖户 A 与消费者 C 都做出拒绝选择，即养殖户保持原有生产方式、消费者维持原有消费行为时，A 与 C 的收益矩阵为 $(I_A,\ I_C)$；当养殖户 A 参与肉牛养殖废弃物资源化且消费者 C 愿意进行环保支付时，A 与 C 的收益矩阵为 $(I_A+R_A-C_A+P_C,\ I_C+E_C-P_C)$。当养殖户 A 参与肉牛养殖废弃物资源化但消费者 C 不愿意进行环保支付时，A 与 C 的收益矩阵为 $(I_A+R_A-C_A,\ I_C+E_C)$。当消费者 C 愿意进行环保支付但肉牛养殖户 A 选择不参与养殖废弃物资源化时，A 与 C 的收益矩阵为 $(I_A+P_C,\ R_C-P_C)$。

从消费者 C 的角度来看，当肉牛养殖户 A 参与养殖废弃物资源化时，消费者不进行环保支付的收益大于环保支付的收益，即 $I_C+E_C>I_C+E_C-P_C$；当养殖户 A 不参与资源化时，消费者 C 投入环保支付的收益小于不进行环保支付的收益，即 $R_C-P_C<I_C$。因此，无论养殖户 A 做何种策略选择，不进行环保支付是消费者 C 的占优策略。

从养殖户 A 的角度来看，若参与养殖废弃物资源化所获得的相关收益大于其资源化成本，即 $R_A-C_A \geqslant 0$，那么无论消费者是否进行环保支付，资源化行为均会为养殖户带来收益的增加，肉牛养殖废弃物资源化产生明显正效益。作为理性经济人，无论能否获得消费者的环保支付补偿，在政府绿色发展政策指导下，肉牛养殖户都有极大可能参与养殖废弃物资源化。在养殖户与消费者的博弈中，养殖户 A "参与"、消费者 C "不支付"为双方占优策略，即双方收益矩阵为 $(I_A+R_A-C_A, I_C+E_C)$，那么肉牛养殖业绿色发展将进入良性循环。然而现实情况并不乐观，就肉牛养殖户而言，养殖废弃物资源化的成本投入通常情况下远大于其获得的资源化产品价值及生态系统改善的生态效益，即 $R_A-C_A<0$。资源化行为带来了社会福利水平的提升，却未提升个人福利水平，即个人最优与社会最优之间存在不一致，肉牛养殖户不可能积极主动参与其中。特别是对于中小规模的肉牛养殖户，现阶段养殖废弃物资源化以人力劳动为主，且当今农民不会为了增加微小收益而"流大汗"（何秀荣，2018），遑论收益为负。因此，无论消费者 C 是否愿意进行环保支付，"不参与"是养殖户 A 的最优选择。

综上所述，为了实现期望收益的最大化，在肉牛养殖户和肉牛消费者的简单博弈矩阵中，（不参与，不支付）为占优策略组合，即养殖户不参与肉牛养殖废弃物资源化，消费者不进行环保支付，(I_A, I_C) 为双方博弈的纳什均衡，肉牛养殖废弃物资源化再次陷入"囚徒困境"。

第四节　社会共治视角下肉牛养殖废弃物资源化生态补偿演化博弈分析

通过分析肉牛养殖户间、肉牛养殖户与肉牛消费者间、肉牛养殖户与政府间的静态博弈，不难发现肉牛养殖废弃物资源化不仅存在"市场失灵"，也存在"政府失灵"，映射出政府出资压力大、养殖户环保意识淡薄、消费者社会责任缺失等问题，单一依靠政府或市场都是低效率的，无法走出治理困局。为了实现肉牛养殖废弃物资源化过程中个人和社会福利的统一，基于多中心治理理论，构建政府、肉牛养殖户和消费者间的三方动态博弈模型，分析各博弈方的策略演化路径，在三方博弈中寻求肉牛养殖废弃物资源化生态补偿的良性循环均衡机制。

一　社会共治博弈模型假设

政府主导的肉牛养殖废弃物资源化，通过环境政策对肉牛养殖户进行补贴，运用财政资金购买生态空间发展权，改变养殖户参与养殖废弃物资源化的成本和收益，使养殖户不断调整自身的资源化行为选择，以在实现养殖户个人期望收益最大化的同时，促进整个社会福利的增进，实现帕累托最优。但是，中国庞大的肉牛养殖群体，使实现这一目标变得困难，政府作为单一补偿主体"力不从心"，无力应对肉牛养殖户的"敷衍了事"，这是当下肉牛养殖废弃物处理乃至农业生产环境管理、农村人居环境治理面临的困境。

肉牛养殖废弃物的双重属性决定了其资源化的公共性和复杂性，废弃物资源化既不是养殖户的一人之责，也不应由政府"独当一面"，需要养殖户、政府和消费者联动协作，构建多元参与机制，打破治理困境。中国居民的收入水平伴随改革开放以来经济平稳快速发展而稳步提升，公众对生态健康的需求和参与环境保护的支付能力、支付意愿也随之提升，参与养殖废弃物资源化具有理论上的可能性与初步客观条件。因此，应引入肉牛消费者，与政府、肉牛养殖户共同构建肉牛养殖废弃物资源化生态补偿博弈模型。

（一）博弈假设

1. 局中人假设

博弈模型中的三个局中人分别为肉牛养殖户 B、政府 G、肉牛消费者 C。其中，肉牛养殖户是养殖废弃物资源化主体，以资源化政策执行者的身份参与博弈；消费者创造肉牛产品需求，以绿色农产品和环境修复要求的支付者、环境改善共享者的身份参与博弈；政府则以公共事务监管者和环境政策制定者的身份参与博弈。B、G、C 均为有限理性经济人，以实现自身利益最大化为目标。

2. 行为策略空间假设

在演化博弈过程中，局中人各有两种策略选择：肉牛养殖户或积极遵从政府引导，参与养殖废弃物资源化；或保持原有生产习惯，不参与资源化。政府若选择高强度监管，则需对肉牛养殖户资源化行为进行补偿，同时对不参与资源化的养殖户进行惩罚，也可选择低强度监管，不涉及财政收支。肉牛消费者的策略则分为愿意支付养殖废弃物资源化与环境改善成本和不愿意支付两种，即政府的策略集 $S_G = \{$高强度监管，低强度监管$\}$；肉牛养殖户的策略集 $S_B = \{$参与，不参与$\}$；肉牛消费者的策略集 $S_C = \{$愿意，不愿意$\}$。

3. 局中人收益假设

当政府的策略选择是高强度监管时，需要付出行政监管成本 C_G（低强度监管时行政成本不计），对参与养殖废弃物资源化的肉牛养殖户给予 P_G 的补偿，对不参与养殖废弃物资源化的养殖户进行处罚，记为 F_G。

就养殖户而言，养殖户参与资源化时，资源化成本为 C_B，分别得到政府和消费者的补偿 P_G、P_C，给社会带来生态效益 E，由三方按 α、β、γ 分摊，αE、βE、γE 分别为政府、消费者和养殖户享受到的环境价值量。

当养殖户不参与时，若政府强监管，则被罚款 F_G，给社会造成环境损失 K，由三方按 α、β、γ 分摊，αK、βK、γK 分别为政府、消费者和养殖户的环境恶化损失。

若政府选择弱监管，养殖户非资源化行为被消费者监督举报，则被罚款 μF_G（$\mu>1$），此时政府给予消费者奖励 πC_C（$\pi>1$）。

另外，当政府弱监管时，成本不计，也不对养殖户资源化行为进行补贴；当养殖户不参与资源化但消费者监督时，政府公信力下降 H_G。当政府强监管时，消费者同时监督可为政府节省成本 R；相反，当消费者监督时，政府强监管可为消费者节省监督成本 Q。

政府、肉牛养殖户和消费者三方博弈参数即支付矩阵见表5-4和表5-5。

表 5-4　政府、肉牛养殖户和消费者三方博弈参数

参数	含义
x	政府高强度监管概率
y	肉牛消费者监督概率
z	肉牛养殖户参与资源化概率
C_G	政府行政监管成本
C_B	肉牛养殖户资源化成本
C_C	肉牛消费者监督成本
P_G	政府补偿
F_G	政府罚款
P_C	消费者补偿
αE	政府在环境改善中获得的价值
βE	肉牛消费者在环境改善中获得的价值
γE	肉牛养殖户在环境改善中获得的价值
αK	政府环境恶化损失
βK	肉牛消费者环境恶化损失
γK	肉牛养殖户环境恶化损失
H_G	政府弱监管、消费者监督时，公信力下降损失
μF_G	政府选择弱监管，养殖户非资源化行为被消费者监督举报的罚款
πC_C	政府选择弱监管，消费者举报养殖户非资源化行为获得的奖励

表 5-5　政府、肉牛养殖户和消费者三方博弈支付矩阵

三方博弈主体策略		政府			
		强监管（x）		弱监管（$1-x$）	
		消费者		消费者	
		监督（y）	不监督（$1-y$）	监督（y）	不监督（$1-y$）
养殖户	参与（z）	$-C_B+P_G+P_C+\gamma E$	$-C_B+P_G+\gamma E$	$-C_B+P_C+\gamma E$	$-C_B+\gamma E$
		$-C_C-P_C+\beta E+Q$	βE	$-C_C-P_C+\beta E$	βE
		$-C_G-P_G+\alpha E+R$	$-C_G-P_G+\alpha E$	αE	αE
	不参与（$1-z$）	$-F_G-\gamma K$	$-F_G-\gamma F_G-\gamma K$	$-\mu F_G-F_G-\gamma K$	$-\gamma K$
		$-C_C-\beta K+Q$	$-\beta K$	$\pi C_C-C_C-\beta K$	$-\beta K$
		$-C_B+F_G-\alpha K+R$	$-C_B+F_G-\alpha K$	$-\pi C_C-H_G-\alpha K$	$-\alpha K$

（二）三方演化博弈模型的建立

当养殖户、消费者和政府的策略分别为参与养殖废弃物资源化、监督和强监管时，政府强监管的收益为 $-C_G-P_G+\alpha E+R$，消费者参与监督时的收益为 $-C_C-P_C+\beta E+Q$，养殖户参与废弃物资源化时的收益为 $-C_B+P_G+P_C+\gamma E$。依次列出各博弈主体其他策略组合下的收益值，即如表5-6所示的8个策略集。

表5-6　政府、肉牛养殖户和消费者三方博弈的收益矩阵

策略组合		政府收益	消费者收益	养殖户收益
策略集 1	$(x,\ y,\ z)$	$a_1=-C_G-P_G+\alpha E+R$	$b_1=-C_C-P_C+\beta E+Q$	$c_1=-C_B+P_G+P_C+\gamma E$
策略集 2	$(x,\ y,\ 1-z)$	$a_2=-C_B+F_G-\alpha K+R$	$b_2=-C_C-\beta K+Q$	$c_2=-F_G-\gamma K$
策略集 3	$(x,\ 1-y,\ z)$	$a_3=-C_G-P_G+\alpha E$	$b_3=\beta E$	$c_3=-C_B+P_G+\gamma E$
策略集 4	$(x,\ 1-y,\ 1-z)$	$a_4=-C_B+F_G-\alpha K$	$b_4=-\beta K$	$c_4=-F_G-\gamma F_G-\gamma K$
策略集 5	$(1-x,\ y,\ z)$	$a_5=\alpha E$	$b_5=-C_C-P_C+\beta E$	$c_5=-C_B+P_C+\gamma E$
策略集 6	$(1-x,\ y,\ 1-z)$	$a_6=-\pi C_C-H_G-\alpha K$	$b_6=\pi C_C-C_C-\beta K$	$c_6=-\mu F_G-F_G-\gamma K$
策略集 7	$(1-x,\ 1-y,\ z)$	$a_7=\alpha E$	$b_7=\beta E$	$c_7=-C_B+\gamma E$
策略集 8	$(1-x,\ 1-y,\ 1-z)$	$a_8=-\alpha K$	$b_8=-\beta K$	$c_8=-\gamma K$

二　社会共治博弈模型推演

（一）政府复制动态方程

假设政府对肉牛养殖户废弃物资源化采取强监管策略时的期望收益为 U_{x1}，采取弱监管策略时的期望收益为 U_{x2}，平均期望收益假设为 U_x，则：

$$\begin{cases} U_{x1}=y\times z\times a_1+y\times(1-z)\times a_2+(1-y)\times z\times a_3+(1-y)\times(1-z)\times a_4 \\ U_{x2}=y\times z\times a_5+y\times(1-z)\times a_6+(1-y)\times z\times a_7+(1-y)\times(1-z)\times a_8 \\ U_x=x\times U_{x1}+(1-x)\times U_{x2} \end{cases} \quad (5\text{-}1)$$

因此，政府复制动态方程为：

$$\begin{cases} F(x)=x\times(1-x)\times(U_{x1}-U_{x2}) \\ F(x)=x(1-x)\left[-C_B+F_G+H_G y+Ry+y\pi C_C+z(C_B-C_G-F_G-P_G-H_G y-y\pi C_C)\right] \end{cases} \quad (5\text{-}2)$$

令 $z_0 = \dfrac{C_B - F_G - H_G y - Ry - y\pi C_C}{C_B - C_G - F_G - P_G - H_G y - y\pi C_C}$ ，若 $z = z_0$ ，$F(x) = 0$ ，政府在此时达到稳定水平，又称为动态系统"稳态"，即无论政府选择何种策略，该策略都不会随着时间调整改变，博弈均为稳定状态；若 $z \neq z_0$ ，令 $F(x) = 0$ ，则 $x = 0$ ，$x = 1$ 为复制动态方程的两个稳定点。

对 $F(x)$ 求导，得：

$$\mathrm{d}F(x)/\mathrm{d}x = (1-2x)\left[-C_B + F_G + H_G y + Ry + y\pi C_C + z(C_B - C_G - F_G - P_G - H_G y - y\pi C_C)\right]$$

$$(5-3)$$

根据微分方程的稳定性原理及演化博弈均衡相关性质可知，当 $\mathrm{d}F(x)/\mathrm{d}x < 0$ 时为演化稳定策略，则：

$$-C_B + F_G + H_G y + Ry + y\pi C_C + z(C_B - C_G - F_G - P_G - H_G y - y\pi C_C) = 0 \qquad (5-4)$$

依据政府行为策略演化稳定状态的分界面，绘制政府行为策略的演化相位图（见图5-1）。

当 $z > z_0$ 时，$x = 0$ ，$\mathrm{d}F(x)/\mathrm{d}x > 0$ ，为非演化稳定点；当 $x = 1$ 时，$\mathrm{d}F(x)/\mathrm{d}x < 0$ ，此时演化稳定点为 $x = 1$ ，向图5-1中①的方向演化，截面面积增加，政府倾向于对养殖户资源化行为进行强监管。

当 $z < z_0$ 时，$x = 0$ ，$\mathrm{d}F(x)/\mathrm{d}x < 0$ ；当 $x = 1$ 时，$\mathrm{d}F(x)/\mathrm{d}x > 0$ ，此时演化稳定点为 $x = 0$ ，向图5-1中②的方向演化，截面面积减小，政府倾向于弱监管策略。

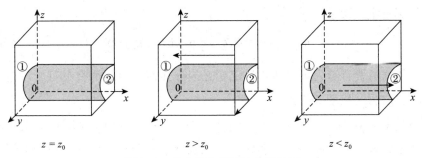

$$z = z_0 \qquad\qquad z > z_0 \qquad\qquad z < z_0$$

图5-1　政府行为策略演化相位图

因此，当其他参数不变时，养殖户愿意参与养殖废弃物资源化，且 P_G 不断增大时，z_0 变大，截面面积减小，即政府强监管时，对养殖户资源化行为补偿金额较大，积极监管的意愿减弱。补偿金额的增大势必增加政府财政负担，最终政府将无力出资对养殖废弃物资源化行为进行生态补偿。

（二）消费者复制动态方程

假设消费者对肉牛养殖户的养殖废弃物资源化行为采取监督策略时的期望收益为 U_{y1}，采取不监督策略时的期望收益为 U_{y2}，平均期望收益假设为 U_y，则：

$$\begin{cases} U_{y1}=x\times z\times b_1+x\times(1-z)\times b_2+(1-x)\times z\times b_5+(1-x)\times(1-z)\times b_6 \\ U_{y2}=x\times z\times b_3+x\times(1-z)\times b_4+(1-x)\times z\times b_7+(1-x)\times(1-z)\times b_8 \\ U_y=y\times U_{y1}+(1-y)\times U_{y2} \end{cases} \quad (5\text{-}5)$$

$$\begin{cases} F(y)=y\times(1-y)\times(U_{y1}-U_{y2}) \\ F(y)=y(1-y)\left[-C_C-P_C z+\pi C_C-z\pi C_C+x(Q-\pi C_C+z\pi C_C)\right] \end{cases} \quad (5\text{-}6)$$

令 $x_0=\dfrac{C_C+P_C z-\pi C_C+z\pi C_C}{Q-\pi C_C+z\pi C_C}$，当 $x=x_0$，$F(y)=0$，消费者在此时达到稳定水平；当 $x\neq x_0$，令 $F(y)=0$，则 $y=0$，$y=1$ 为复制动态方程的两个稳定点，则对 $F(y)$ 求导，得：

$$\mathrm{d}F(y)/\mathrm{d}y = (1-2y)\left[-C_C-P_C z+\pi C_C-z\pi C_C+x(Q-\pi C_C+z\pi C_C)\right] \quad (5\text{-}7)$$

根据微分方程的稳定性原理及演化博弈均衡，当 $\mathrm{d}F(y)/\mathrm{d}y<0$ 时为演化稳定策略，则：

$$-C_C-P_C z+\pi C_C-z\pi C_C+x(Q-\pi C_C+z\pi C_C)=0 \quad (5\text{-}8)$$

依据消费者行为策略演化稳定状态的分界面，绘制消费者行为策略的演化相位图（见图5-2）。

当 $x>x_0$ 时，$y=0$ 时，$\mathrm{d}F(y)/\mathrm{d}y>0$；$y=1$ 时，$\mathrm{d}F(y)/\mathrm{d}y<0$，此时演化稳定点为 $y=1$，向图5-2中①的方向演化，截面面积增加，消费者倾向于监督策略。

当 $x<x_0$ 时，$y=0$ 时，$\mathrm{d}F(y)/\mathrm{d}y<0$；$y=1$ 时，$\mathrm{d}F(y)/\mathrm{d}y>0$，此时演

化稳定点为 $y=0$，向图 5-2 中②的方向演化，截面面积减小，消费者倾向于不监督策略。

因此，在其他参数不变时，政府部门选择强监管策略，P_C 增大时，x_0 增大，截面面积减小，即若增加对肉牛养殖户生态行为的补贴，消费者分担过多的养殖废弃物资源化成本，则其参与养殖废弃物资源化社会共治的意愿就会减弱。

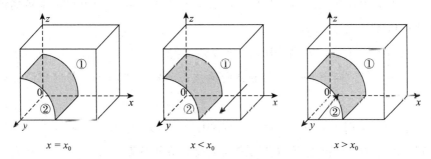

$$x = x_0 \qquad\qquad x < x_0 \qquad\qquad x > x_0$$

图 5-2　消费者行为策略演化相位图

（三）养殖户复制动态方程

假设肉牛养殖户参与养殖废弃物资源化时的期望收益为 U_{z1}，不参与时的期望收益为 U_{z2}，平均期望收益假设为 U_z，可以得到如下的结果：

$$
\begin{cases}
U_{z1} = x \times y \times c_1 + x \times (1-y) \times c_3 + (1-x) \times y \times c_3 + (1-x) \times (1-y) \times c_7 \\
U_{z2} = x \times y \times c_2 + x \times (1-y) \times c_4 + (1-x) \times y \times c_6 + (1-x) \times (1-y) \times c_8 \\
U_z = z \times U_{z1} + (1-z) \times U_{z2}
\end{cases}
\tag{5-9}
$$

$$
\begin{cases}
F(z) = z \times (1-z) \times (U_{z1} - U_{z2}) \\
F(z) = z(1-z)\left[-C_B + 2F_G x + P_G x + x\gamma + \gamma E + \gamma K + y(F_G + P_C + \mu F_G - 2F_G x - \mu F_G x - x\gamma) \right]
\end{cases}
$$

$$\tag{5-10}$$

令 $y_0 = \dfrac{C_B - 2F_G x - P_G x - x\gamma - \gamma E - \gamma K}{F_G + P_C + \mu F_G - 2F_G x - \mu F_G x - x\gamma}$，当 $y = y_0$，$F(z) = 0$，养殖户在此时达到稳定水平；当 $y \neq y_0$，令 $F(z) = 0$，则 $z=0$，$z=1$ 为复制动态方程的两个稳定点，则对 $F(z)$ 求导，得：

$$dF(z)/dz = (1-2z)\left[-C_B + 2F_G x + P_G x + x\gamma + \gamma E + \gamma K + y(F_G + P_C + \mu F_G - 2F_G x - \mu F_G x - x\gamma)\right]$$

$$(5\text{-}11)$$

根据微分方程的稳定性原理及演化博弈均衡，当 $dF(z)/dz < 0$ 时为演化稳定策略，则：

$$-C_B + 2F_G x + P_G x + x\gamma + \gamma E + \gamma K + y(F_G + P_C + \mu F_G - 2F_G x - \mu F_G x - x\gamma) = 0 \qquad (5\text{-}12)$$

依据养殖户行为策略演化稳定状态的分界面，绘制养殖户行为策略的演化相位图（见图5-3）。

当 $y > y_0$ 时，$z=0$ 时，$dF(z)/dz > 0$；$z=1$ 时，$dF(z)/dz < 0$，此时演化稳定点为 $z=1$，向图5-3中①的方向演化，养殖户趋向于参与养殖废弃物资源化。

当 $y < y_0$ 时，$z=0$ 时，$dF(z)/dz < 0$；$z=1$ 时，$dF(z)/dz > 0$，此时演化稳定点为 $z=0$，向图5-3中②的方向演化，养殖户趋向于不参与养殖废弃物资源化。

因此，当其他参数保持不变时，C_B 增大，则 y_0 增大，截面面积减小，即在养殖废弃物资源化成本不断增加时，肉牛养殖户参与养殖废弃物资源化意愿随之逐渐减弱。

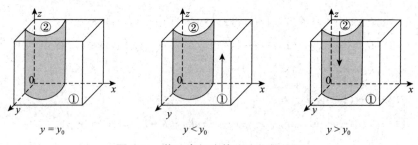

图5-3 养殖户行为策略演化相位图

（四）三方演化博弈稳定策略分析

上述对三方主体的博弈选择进行分析后，本节将其作为一个整体，结合三方策略演化相位图，分析三方演化博弈稳定策略，寻找三方的演化博弈均衡点及演化稳定策略。因此，首先对所求均衡点进行演化稳定分析。

联立复制动态方程，组成政府、消费者、养殖户动态演化的三维动力系统，当三方不同策略的期望相等时，系统能维持在稳定状态，即均衡点的求解需要满足三方微分方程 $F(x)=F(y)=F(z)=0$，可得到系统的渐进稳定均衡点为 $(0,0,0)$、$(1,0,0)$、$(0,1,0)$、$(0,0,1)$、$(1,1,0)$、$(1,0,1)$、$(0,1,1)$、$(1,1,1)$。

构建三方复制动态方程的雅可比矩阵 J。

$$J = \begin{bmatrix} J_{11} & J_{12} & J_{13} \\ J_{21} & J_{22} & J_{23} \\ J_{31} & J_{32} & J_{33} \end{bmatrix} = \begin{bmatrix} \dfrac{\partial F(x)}{\partial x} & \dfrac{\partial F(x)}{\partial y} & \dfrac{\partial F(x)}{\partial z} \\ \dfrac{\partial F(y)}{\partial x} & \dfrac{\partial F(y)}{\partial y} & \dfrac{\partial F(y)}{\partial z} \\ \dfrac{\partial F(z)}{\partial x} & \dfrac{\partial F(z)}{\partial y} & \dfrac{\partial F(z)}{\partial z} \end{bmatrix} \tag{5-13}$$

其中，矩阵数值为各主体微分方程分别对 x、y、z 的偏导，结果如下：

$$\begin{cases} J_{11}=\dfrac{\partial F(x)}{\partial x}=(1-2x)\left[-C_B+F_G+H_G y+Ry+y\pi C_C+z(C_B-C_G-F_G-P_G-H_G y-y\pi C_C)\right] \\[2mm] J_{12}=\dfrac{\partial F(x)}{\partial y}=(x-x^2)\left[H_G+R+\pi C_C+z(-H_G-\pi C_C)\right] \\[2mm] J_{13}=\dfrac{\partial F(x)}{\partial z}=(x-x^2)(C_B-C_G-F_G-P_G-H_G y-y\pi C_C) \\[2mm] J_{21}=\dfrac{\partial F(y)}{\partial x}=(y-y^2)(Q-\pi C_C+z\pi C_C) \\[2mm] J_{22}=\dfrac{\partial F(y)}{\partial y}=(1-2y)\left[-C_C-P_C z+\pi C_C-z\pi C_C+x(Q-\pi C_C+z\pi C_C)\right] \\[2mm] J_{23}=\dfrac{\partial F(y)}{\partial z}=(y-y^2)(-P_C-\pi C_C+x\pi C_C) \\[2mm] J_{31}=\dfrac{\partial F(z)}{\partial x}=(z-z^2)\left[2F_G+P_G+\gamma+y(-2F_G-\mu F_G-\gamma)\right] \\[2mm] J_{32}=\dfrac{\partial F(z)}{\partial y}=(z-z^2)(F_G+P_C+\mu F_G-2F_G x-\mu F_G x-x\gamma) \\[2mm] J_{33}=\dfrac{\partial F(z)}{\partial y}=(1-2z)\left[-C_B+2F_G x+P_G x+x\gamma+\gamma E+\gamma K+y(F_G+P_C+\mu F_G-2F_G x-\mu F_G x-x\gamma)\right] \end{cases}$$

$$\tag{5-14}$$

由李雅普洛夫定理可知，当雅可比矩阵的特征值均为负实部时，该均衡点为渐进稳定点；若特征值为正实部则为不稳定点。基于此，求解 8 个均衡点所对应雅可比矩阵的特征值，各均衡点及其特征值如表 5-7 所示。

表 5-7　三方演化博弈均衡点的稳定性判别

均衡点	λ_1	λ_2	λ_3	ESS 条件
(0, 0, 0)	F_G-C_B	πC_C-C_C	$E\gamma+K\gamma-C_B$	无
(0, 1, 0)	$\pi C_C+F_G+H_G+R-C_B$	$C_C-\pi C_C$	$E\gamma+K\gamma+F_G+\mu F_G+P_C-C_B$	情形①
(1, 0, 0)	C_B-F_G	$Q-C_C$	$\gamma+E\gamma+K\gamma+2F_G+P_G-C_B$	情形②
(1, 1, 0)	$C_B-\pi C_C-F_G-H_G-R$	C_C-Q	$E\gamma+K\gamma+F_G+P_C+P_G-C_B$	情形③
(0, 0, 1)	$-C_G-P_G$	$-C_C-P_C$	$C_B-E\gamma-K\gamma$	情形④
(0, 1, 1)	$R-C_G-P_G$	C_C+P_C	$C_B-F_G-\mu F_G-P_C-E\gamma-K\gamma$	无
(1, 0, 1)	C_G+P_G	$Q-C_C-P_C$	$C_B-\gamma-E\gamma-K\gamma-2F_G-P_G$	无
(1, 1, 1)	C_G+P_G-R	C_C+P_C-Q	$C_B-F_G-P_C-P_G-E\gamma-K\gamma$	情形⑤

由于各参数取值均为正数，仅在表达不同经济含义时对不同行为主体的收益情况进行加减运算，因此 (0, 1, 1) 和 (1, 0, 1) 的 λ_2 和 λ_1 均为正，为不稳定点；在参数假设时，设定 $\pi>1$，因此 (0, 0, 0) 也为不稳定点，仅需对其余五种情形进行分析。

情形①：当 $\pi C_C+F_G+H_G+R-C_B<0$，$C_C-\pi C_C<0$，$E\gamma+K\gamma+F_G+\mu F_G+P_C-C_B<0$，ESS 点为 (0, 1, 0)；

情形②：当 $C_B-F_G<0$，$Q-C_C<0$，$\gamma+E\gamma+K\gamma+2F_G+P_G-C_B<0$，ESS 点为 (1, 0, 0)；

情形③：当 $C_B-\pi C_C-F_G-H_G-R<0$，$C_C-Q<0$，$E\gamma+K\gamma+F_G+P_C+P_G-C_B<0$，ESS 点为 (1, 1, 0)；

情形④：当 $C_B-E\gamma-K\gamma<0$，ESS 点为 (0, 0, 1)；

情形⑤：当 $C_G+P_G-R<0$，$C_C+P_C-Q<0$，$C_B-F_G-P_C-P_G-E\gamma-K\gamma<0$，ESS 点为 (1, 1, 1)。

其中，当 $C_B<E\gamma+K\gamma$ 时，情形①②③的 λ_3 均为正数，为不稳定点，(0, 0, 1) 为渐进稳定点；当 $Q>C_C+P_C$、$R>C_G+P_G$ 时，(1, 1, 1) 也为

渐进稳定点。

当 $C_B < E\gamma + K\gamma$ 时，当 $Q < C_C + P_C$ 或 $R < C_G + P_G$ 成立时，仅存在（0，0，1）一个渐进稳定点。

虽然其他复杂情况需要更多的要素条件来进行判断，但是根据实际调研资料，结合图5-3，本章认为 C_B 即肉牛养殖户支付的废弃物资源化成本，不太可能超过其获得的补贴、罚款、生态效益、生态损失等的和，过高的资源化成本不能成为有限理性经营者的理性选择。因此，判断复制动态系统可能存在两个稳定点 E（0，0，1）和 E（1，1，1），即情形④和情形⑤。

情形④下，在政府采取弱监管政策、消费者不参与监督的情况下，肉牛养殖户仍然积极参与养殖废弃物资源化。$C_B < E\gamma + K\gamma$，即肉牛养殖户的废弃物资源化成本小于资源化行为给养殖户自身带来的生态效益与非资源化行为造成的生态损失，体现了该稳定状态需建立在肉牛养殖户对养殖废弃物生态价值的高度认知和承担养殖废弃物治理责任的基础之上，此时无须政府干预和消费者支持即可实现肉牛养殖户养殖废弃物资源化的自治。

情形⑤为政府采取强监管、消费者参与监督、肉牛养殖户积极参与养殖废弃物资源化。$R < C_G + P_G$，体现了消费者的监督提高了政府监管的效率，既提高了监管效率、节省了行政成本，又充盈了补偿资金；$Q < C_C + P_C$，则表达了政府的强监管提升了消费者对政府部门的信任与认可，以及协助共治的信心。因此，（$x=1$，$y=1$，$z=1$）的均衡状态，是三方共同努力的结果。

第五节　本章小结

养殖户在对肉牛养殖废弃物进行资源化利用时，与其他养殖户、政府等主体之间存在一定的博弈关系。例如，建立储粪池等公共设施，存在部分养殖户"搭便车"的可能。养殖户随意丢弃养殖废弃物与政府监管处罚之间的权衡分析、养殖户对肉牛养殖废弃物资源化利用补偿标准与预期效果的权衡，都可能导致参与者的支付函数不同，从而造成利益冲突，继而产生博弈关系。

肉牛养殖废弃物资源化利益相关者之间的博弈关系表明，政府—肉牛养殖户、肉牛消费者—肉牛养殖户双方静态博弈的结果都是消极的。政府—养殖户—消费者三方之间演化博弈稳定均衡点有两个。一个均衡点是政府采取弱监管政策、消费者不参与监督、肉牛养殖户仍然积极参与养殖废弃物资源化，建立在肉牛养殖户对养殖废弃物生态价值的高度认知和承担养殖废弃物治理责任的基础之上，与目前国内养殖户，尤其是非规模化养殖户的生态认知和责任意识的实际状况存在较大差异。另一个均衡点为政府对肉牛养殖户资源化行为进行强监管、养殖户参与养殖废弃物资源化、肉牛消费者参与养殖废弃物资源化共治。在三方通力合作下，消费者的监督既提高了政府监管的效率、节省了行政成本，又充盈了补偿资金，政府的强监管提升了消费者对政府部门的信任与认可，以及协助共治的信心；政府和消费者共同关注、支持肉牛养殖废弃物资源化，构建养殖户、消费者与政府三方共治的补偿机制，减轻养殖户的经济负担、提升养殖户认知，促进其生态意识和生态行为的形成，有效引导养殖户对肉牛养殖废弃物进行科学合理的资源化，以不断提升养殖废弃物资源化利用水平，实现肉牛养殖业的绿色发展。

| 第六章 |
生态补偿实验设计、数据收集及处理

前述章节通过对肉牛养殖废弃物资源化利益相关者间博弈关系的分析发现，政府—养殖户—消费者的演化博弈均衡点为三方协同共治，即构建肉牛养殖户、消费者和政府参与的社会共治生态补偿机制是适应我国肉牛养殖发展现状、打破治理困境的有效路径。那么，获取肉牛养殖户和消费者在养殖废弃物资源化中的参与意愿和偏好，成为构建肉牛养殖废弃物资源化生态补偿机制的前提和基础；将生态效益纳入肉牛养殖废弃物资源化生态补偿，科学量化社会共治参与方的支付（受偿）意愿，并据此制定补偿标准，是构建生态补偿机制的核心。

陈述偏好法（Stated Preference，SP）近年来被广泛运用于环境物品及服务的非市场价值评估。相比于其他方法，如条件价值法、选择实验法（Choice Experiment，CE），SP 能够同时对环境保护方案多属性的价值进行评估，更好地刻画被访者偏好与意愿。根据肉牛养殖户和肉牛消费者选择偏好的表述，构建肉牛养殖废弃物资源化生态补偿机制，能够确保养殖户和消费者在肉牛养殖废弃物资源化中主体作用的发挥，提高资源化利用效率，提升政策针对性、有效性和可操作性。如何进行实验设计并构建计量模型，是本章研究的主要内容。

第一节　离散选择模型与实验设计

离散选择实验基于 Lancaster 消费理论和随机效用理论，最早被应用于市场研究中的消费者行为领域，20 世纪 70 年代被引入交通需求的分析。以美国旧金山公交项目需求的预测为代表，美国经济学家麦克法登（D. L. McFadden）在此项研究基础上构建了微观主体的离散选择模型，即在不限定决策变换中的选择模型。后续研究中，McFadden 通过对随机效用做出一些巧妙的分配假设，不断丰富和拓展离散选择模型，于 2000 年获得了诺贝尔经济学奖，被称为离散选择之父。1980 年后，离散选择实验逐渐被推广至市场营销、食品经济、生产经营等多领域的个人决策行为的研究中；20 世纪 90 年代末开始被应用于农业经济和环境经济领域，McFadden 的研究兴趣也转移至自然资源使用行为中的环境价值和支付意愿评估。

环境价值的评估方法依据市场信息的完善程度可以归纳为 3 类：直接市场法、间接市场法和假想市场法。其中，假想市场法中以条件价值评估（CVM）和离散选择实验（DCE）为代表的陈述偏好法（SP），成为当下环境价值评估最为常用的方法。陈述偏好法将成本收益转换为正负效用而实现效用的货币化。生态改善可以看作公众正效用的获得，通过支付意愿（Willingness to Pay，WTP）实现效用均衡；相反，环境恶化产生的负影响造成公众效用的损失，获得相应补偿即受偿意愿（Willingness to Accept，WTA），以弥补损失。SP 通过调查利益相关者 WTP 和 WTA，获取环境产品或服务的相关货币价值，量化环境公共品价值。其中，虽然 CVM 可以较为全面地同时评估资源环境的使用价值及其创造的生态福利等潜在非使用价值，但是鉴于评估过程中数据获取存在困难，以及评估方法的假想特征造成的偏差，尽管 CVM 取得了长足的发展，其评估结果成为很多公共政策制定的依据，但仍备受争议。相比之下，离散选择实验在一个选择情景中，通过要求被访者在一组虚拟方案中做出选择，不仅可以同时对环境产品的多个属性进行评估，更具有两大突出核心优势：一是以完备和坚实的经济学理论为基础（Louviere et al.，2010），以完善的实证方法作为支撑，模型结构能够将环境产品及方案的生态结果清晰、精确地表达出来；二是能够模拟具有高信息负荷的真实市场情形（全世文，2016）。因此，离散选择实验被众多研究者认为是适用于生态环境价值评估的最具前景和潜力的方法之一。

一　离散选择模型的理论基础

离散选择模型以 Lancaster（1966）的要素价值理论和 Luce（1959）、McFadden（1974）的随机效用理论为基石。

（一）要素价值理论

要素价值理论是离散选择实验依据方案或产品属性进行价值评估的理论基础，其核心思想是任何物品或服务的效用或价值均可以从其属性特征、结构及水平中得到衡量，属性特征、结构和水平的变动会引起效用及价值的变化，该观点是传统观念中认为物品是效用的直接对象的突破。传统消费者理论用基数效用或序数效用来解释消费者需求与偏好，Lancaster 将消费者行为看作投入产出活动，认为消费品或服务是一种投入，产品或服务属性及其组合为产出，体现消费者效用需求或消费偏好。总的来说，Lancaster 的要素价值理论认为，效用源自产品或服务所具有的属性或要素，这些属性或要素是多水平、多层次的；不同组合的属性或要素形成的产品及服务间存在差别，相同的属性及要素能够被不同的产品及服务共同拥有。基于此，离散选择实验模拟了真实市场情景，使受访者通过对比产品或方案的不同属性进行选择，该方法明显优于 CVM 要求受访者仅衡量某一产品或服务的货币价值的评估模式（Jaeger et al.，2004）。

（二）随机效用理论

随机效用理论认为，决策者所做的任何选择和决策都具有一定的效用，决策具有不确定性，决策者总是选择自己认为的总效用最大的产品或服务，并作为离散选择模型的建模基础。Thurstone（1927）基于心理激励的角度，认为人们心理感知到的选项 i 的激励水平与其真实的激励水平存在一定误差，且这一误差服从正态分布，即 $V_i + \varepsilon_i$，这就是比较判别定律。Marschak（1960）进一步将这种感知激励 $V_i + \varepsilon_i$ 引入效用分析，以效用最大化为前提推导出选项 i 被选择的概率，即随机效用模型（RUM）。McFadden（1974）运用随机效用理论对有限选择下的个人决策进行了分析，将选择决策转化为效用比较，并对相关计量方法和模型构建、拓展做出了贡献。

某产品或服务为决策者 n 带来的效用由固定效用 V 和随机误差 ε 构成。其中 V 是可观测的，由备选项的属性 X_{nj} 及决策者的社会经济相关变量 S_n 共同决定，也被称为代表性效用；ε 是随机的、不可观测的，体现备选项属性与决策者个体偏好之间的联系。在仅考虑备选项属性的情况下，决策者 n 选择 j 方案所获得的效用 U_{nj} 可以表示为：

$$U_{nj} = V_{nj} + \varepsilon_{nj} \tag{6-1}$$

$$V_{nj} = V_{nj}(X_{nj}, S_n) \tag{6-2}$$

由于存在随机项 ε_{nj}，学者们利用方案选择概率来分析决策者或受访者的决策行为。根据效用最大化原则，在有限的方案集合 J 中，决策者 n 总会选择他认为效用最大的备选项，计作 j^*。用选择概率可表示为：

$$
\begin{aligned}
P(j^* \mid J) &= P(U_{nj^*} > U_{nj}, \forall j \in J; j^* \neq j) \\
&= P(V_{nj^*} + \varepsilon_{nj^*} > V_{nj} + \varepsilon_{nj}, \forall j \in J; j^* \neq j) \\
&= P(\varepsilon_{nj} - \varepsilon_{nj} > V_{nj} - V_{nj^*}, \forall j \in J; j^* \neq j) \\
&= \int I(\varepsilon_{nj} - \varepsilon_{nj} > V_{nj} - V_{nj^*}, \forall j \in J; j^* \neq j) f(\varepsilon_{nj}) \, d\varepsilon_{nj}
\end{aligned}
\tag{6-3}
$$

$f(\varepsilon_{nj})$ 为随机向量 ε_{nj} 的概率密度函数。当 $I(\cdot)$ 函数条件成立时，返回值为 1，否则为 0。为了处理随机项的相关信息，需要对 ε_{nj} 的密度函数 $f(\varepsilon_{nj})$ 分布做出假设（Caussade et al., 2005），设定不同，则得到的离散选择模型不同，假设 ε_{nj} 服从 Gumbel 分布，且满足独立同分布（IID）条件的随机变量，得到基础 Logit 模型。因此决策者 n 选择 j 方案的概率可以化简为：

$$P_{nj} = \frac{\exp(\beta_{j^*} x_n)}{\sum_{j^*}^{J} \exp(\beta_j x_n)} \tag{6-4}$$

二 离散选择模型的种类

离散选择模型按照不同标准有不同的分类，比如根据备选方案的数量划分，可以分为二值选择模型和多值选择模型；依据备选方案的特征可以分为有序离散选择模型和无序离散选择模型；根据处理随机项相关信息的不同方法，即对 ε_{nj} 的密度函数 $f(\varepsilon_{nj})$ 分布做出不同假设，分为条件 Logit 模型、GEV 模型、Probit 模型、Mixed Logit 模型、潜类别模型（LCM）等。当假设 ε_{nj} 服从 Gumbel 分布，且满足独立同分布条件时得到 Logit 基础模型，其他离散选择模型均是在不断完善其局限性基础上推导出来的，满足更加精细化的研究需求。其中条件 Logit 模型要求备选方案还要满足无关方案的独立性（IIA）；GEV 模型放松了 IIA 限制，Nested Logit 模型是使用最为广泛的 GEV 模型；Probit 模型假设 ε_{nj} 服从正态分布且不受 IID 和 IIA 限制；Mixed Logit 模型则允许研究者根据研究需要对随机项的分布进行假设，且其解释变量系数是随机的。

Mixed Logit 模型，即随机参数 Logit 模型（RPL），因其高度的灵活性，可以包含任何分布形式，适用于截面数据（Train and Wilson，1999）、面板数据（Bhat，2003）等多种数据形式，即可以近似于任何随机效用模型，因而得到广泛的应用。RPL 的待估参数既可以是离散的，也可以是连续的，还可以是混合分布。通过多个属性的系数估计，可以分析决策者的平均偏好及其来源。RPL 中决策者的效用被分解为：

$$U_{nj} = X_{nj}\beta + \xi_{nj} + \varepsilon_{nj} \tag{6-5}$$

式（6-5）中，X_{nj} 可以同时包括备选方案或产品各属性及决策者的社会经济特征变量，即对可观测效用产生影响的因素；ξ_{nj} 体现了 RPL 对 IIA 要求的放松，允许各选项间相关性的存在，满足不同决策者偏好的异质性，其分布形式由研究者按需设定，一般有正态分布、均匀分布等；ε_{nj} 满足 IID 条件。RPL 概率函数是多项 Logit 模型在参数密度上的积分（刘振、周溪召，2006；姚柳杨，2018）：

$$
\begin{aligned}
P_{nj} &= \int L_{nj^*}(\beta_n) f(\beta_n \mid \theta)\, \mathrm{d}\beta_n \\
&= \int \frac{e^{\beta_n x_{nj^*}}}{\sum_{j=1}^{J} e^{\beta_n x_{nj}}} f(\beta_n \mid \theta)\, \mathrm{d}\beta_n
\end{aligned} \tag{6-6}
$$

由式（6-6）可知，P_{nj} 可以看作多个 Logit 模型选择概率的加权平均，

L_{nj}. (β_n) 就是基于参数 β_n 的 Logit 概率；$f(\beta_n \mid \theta)$ 是设定分布的密度函数，决定权重。θ 是参数 β 密度函数的空间表达，类似于在正态分布中通过均值 μ 和方差 δ^2 来描述其位置和幅度。因此，不同于普通 Logit 仅需要对参数 β_n 进行估计，RPL 虽然摆脱了 IIA 限制，但需要估计 β_n 的均值和方差两个参数，体现决策者个体偏好的异质性。Train 和 Wilson（2009）认为，RPL 可以趋近于任何随机效用模型，作为通用形式可以转换为任何其他形式的离散选择模型。

三　离散选择实验设计步骤

（一）问题的确定

离散选择实验是研究者通过被访者对某一产品或方案构成的选择集的抉择来勾画其偏好表达的实验方法。选择实验设计的第一步是对所要研究的问题进行一般性讨论，锁定人们对研究问题的关注重点，为后续选择方案的设计、属性及水平的确定奠定现实基础。

（二）属性的选择及属性水平的设定

离散选择实验主要目标是通过模拟真实市场获取研究目标群体选择偏好的表达，如何通过选择框的设计、属性及水平的设定测算决策者偏好，量化目标群体效用获得，是选择实验的重要环节。在已有利用选择实验的研究中，属性既可以是定性的，也可以是定量的，属性水平难以量化时用定性变量来描述，但一般情况下，一个选择框至少包含一个货币定量属性，例如 WTP 或 WTA，用其来测度方案或产品价值。

进入选择框的属性不宜过多，经验上为 4~6 个，过多的属性设置不仅可能掩盖重要属性及其影响，也会对被访者的决策产生负面影响，降低其在选择时的分辨能力，不利于其在短时间内做出理性选择（韩喜艳等，2020），或丧失耐心、应付作答等，影响选择实验的有效性。属性水平的设定需要结合相关文献、政策文件等，通过专家访谈、实地预调研等进行综合考量。

（三）实验及问卷设计

备选方案由选定的属性及其水平组合构成，不同的备选方案组成一个选择集，为受访者模拟了一个假设情景，受访者按照其偏好从选择集中选出对自己效用最大的那个选项或方案。选择方案的个数由属性及其水平参数和实验设计者选取的实验设计技术决定，通常情况下选用部分因子设计，受访者通常需要做出一系列类似的决策。正交试验因具备均匀分散性、整齐可比性（刘文卿，2005）受到广大学者的青睐。选择实验模块设计较为复杂，对于被访者来说存在理解上的难度，因此需要对研究及实验背景进行详细的说明，防止因被访者不理解实验而造成实验失败。

通过对备选方案的选择，可以测度被访者关于方案属性的偏好，但是影响被访者选择的因素还有其自身的社会经济特征。因此，选择实验的问卷设计，还应该涵盖可能会对被访者产生影响的社会经济特征的调查。

第二节　肉牛养殖废弃物资源化生态补偿方案的离散选择实验

一　实验方案属性及水平

Lancaster（1966）认为，商品的差异主要体现在其所能给消费者带来的服务的不同，商品质量、品牌等属性都会对消费者选择造成影响。因此，选择实验框中方案的属性和每个属性水平的设定，是选择实验设计的核心模块。属性选择既要刻画方案的主要特征，又要符合真实性、合理性和可执行性原则，不能脱离实验对象对相关现实市场环境真实状况的理解。属性水平的界定要兼顾专家学者建议、政策执行者考量和实地调研的真实情况。大多数研究者将方案属性的个数设定为3~6个，过多的属性容易造成信息冗余，影响被访者决策，过少则可能导致信息缺失，难以刻画出方案或商品的特点。属性既有定性描述也有定量描述，分为货币和非货币两大类，其中非货币指标既要刻画研究对象，又是研究者关注的重要属性。货币指标的属性，是测算被调查者支付意愿或受偿意愿的关键指标，是制定生态补偿标准的基础。除此之外，大多数研究者（韩喜艳等，

2020；王娜娜，2020；李晓平，2019；俞振宁，2019；姚柳杨，2018）都会设置"不选项"（opt-outs），为被调查者留下选择空间，避免强迫性选择，这更加符合现实情况。

（一）肉牛养殖户选择实验属性及其水平

肉牛养殖废弃物资源化利用模式繁多，资源化产品多样。养殖废弃物资源化不仅遏制了污染，还提供了生态产品，发挥了生态功能。影响肉牛养殖户参与废弃物资源化行为的因素很多，考虑到过多的属性（Attribute）进入选择实验框，会对养殖户的理性选择造成干扰，降低选择效率、掩盖重要影响因素（Gao and Schroeder，2009），因此在预调研的基础上，本章最终选择肉牛养殖废弃物资源化利用模式、耕地质量、技术培训、补贴额度和生态环境状况5个属性变量。

肉牛养殖废弃物资源化利用生态补偿项目实施是为了控制养殖废弃物对环境造成的污染，并为公共环境提供生态产品。结合预调研和第四章总结的现有典型模式，参考《畜禽粪污资源化利用行动方案（2017—2020年)》，肉牛养殖废弃物资源化利用模式设置4个水平：规范堆肥还田、户用沼气、经济动植物生产和垫料回用。从事肉牛养殖的农户，基本每户都有农用地且从事种植业，但种植农作物品种、规模存在差异。随着饲料价格的上涨，越来越多的农户利用自家耕地或转租转包土地种植玉米，以供饲用。同时，种养结合是大多数肉牛养殖废弃物资源化的最终环节，沼气生产中的沼渣沼液、蚯蚓等经济动物的养殖基料等都是无害化且极具营养价值的肥料，因此养殖废弃物资源化方案对于耕地的生态影响（明显改善，一般改善，没有恶化）为属性变量。技术培训在规范和推广废弃物资源化方面起着至关重要的作用（王娜娜，2020；朱菊隐，2019），且在实地调研过程中，养殖户纷纷表现出对适用技术的渴求，故设置技术培训属性（全面技术培训，一般技术培训，无技术培训）。同时，因预调研中大多数肉牛养殖户认识到肉牛养殖废弃物对生态环境有影响，故设定养殖废弃物资源化方案实施后的生态环境状况属性（没有恶化，一般改善，明显改善）。最后，加入核心连续变量补贴额度（也即受偿意愿）。它既是肉牛养殖户关注的重要属性，也为后续研究估算受偿意愿提供了可能。在受偿意愿设定方面，参考《全国农村沼气工程建设规划（2006—2010 年）》等相关政策文件，结合调研中估算的规范堆肥还田、经济动植物生产等相关成本收益情况，选取（0，240，600，1200）4 个价格水平。综上，选择实验属性及其水平设定见表 6-1。

表 6-1　属性及其水平（肉牛养殖户选择实验）

属性	水平	属性变量代码		变量类型
废弃物资源化利用模式	规范堆肥还田	Standarized Composting	SC	分类变量
	户用沼气	Household Biogas	HB	分类变量
	垫料回用	Padding Reuse	PR	分类变量
	经济动植物生产	Economic Animal & Plant Production	EAPP	分类变量
耕地质量	没有恶化	Not Worse	FNW	分类变量
	一般改善	Improved	FI	分类变量
	明显改善	Better	FB	分类变量
技术培训	无技术培训	No Technical Support	NTP	分类变量
	一般技术培训	General Technical Support	GTS	分类变量
	全面技术培训	Comprehensive Technical Support	CTS	分类变量
生态环境状况	没有恶化	Not Worse	ENW	分类变量
	一般改善	Improved	EI	分类变量
	明显改善	Better	EB	分类变量
补贴额度	0、240、600、1200［元/（户·年）］	Willingness to Accept	WTA	连续变量

（二）肉牛消费者选择实验属性及其水平

肉牛消费者选择实验属性参考肉牛养殖户选择实验安排，其中，肉牛养殖废弃物资源化利用模式同样设置 4 个水平，即规范堆肥还出、户用沼气、经济动植物生产和垫料回用。通过预调研了解到，消费者大多关心整体生态环境状况并愿意在个人承受范围内为环境付费，因此加入生态环境状况属性，同样设置 3 个水平（明显改善，一般改善，没有恶化）；考虑到牛肉价格在畜产品中较高，支付意愿设置 4 个水平（0，0.5，1，2）。属性及其水平设定如表 6-2 所示，消费者根据自身的认知和经济能力，选择支持符合自身偏好的资源化方案。

表 6-2 属性及其水平（肉牛消费者选择实验）

属性	水平	属性变量代码		变量类型
废弃物资源化利用模式	规范堆肥还田	Standarized Composting	*SC*	分类变量
	户用沼气	Household Biogas	*HB*	分类变量
	垫料回用	Padding Reuse	*PR*	分类变量
	经济动植物生产	Economic Animal & Plant Production	*EAPP*	分类变量
生态环境状况	没有恶化	Not Worse	*ENW*	分类变量
	一般改善	Improved	*EI*	分类变量
	明显改善	Better	*EB*	分类变量
支付意愿	0、0.5、1、2（元/kg）	Willingness to Pay	*WTP*	连续变量

二 选择集设计

（一）肉牛养殖户

在选择实验设计中，根据上述所选取的属性及水平，若采取全因子设计，可以考虑到所有因素和水平交叉分组情况，即可以获得 432（$4^2 \times 3^3$）个选择框，但在实地调研中是不切实际的，降低受访者参与意愿、影响其决策，且过强的交互作用不仅计算复杂，也为后续结果解释带来困难。而且在全因子设计中，部分属性组合所生成的方案选择集并不合理，需要有所判断和取舍。当属性个数大于 3 个且水平分级过细时，研究者们（韩喜艳等，2020；王娜娜，2020；俞振宁，2019；李晓平，2019）通常采取部分因子设计（Fractional Factorial Design）。

正交试验设计就是从全面试验样本点中挑选出部分有代表性的样本点做试验，这些代表点具有正交性，正交试验目的就是在减少实验次数的同时达到因素水平的最优搭配。正交性表现为均匀分散性、整齐可比性（刘文卿，2005）。实验中所考察属性水平或者状态数不可能完全相同，这时就需要采用混合水平相交表来安排实验。本章利用 SPSS 软件的正交实验设计模块，生成选择实验集合。排除选择集中明显不合理和具有明显优势的组合，生成 8 个选择集，每个选择集由两个备选方案和"维持现状"三个选项组成，表 6-3 为其中一个选择集示例。8 个选择集配合肉牛养殖户相关社会经济情况，组成了肉牛养殖废弃物资源化生态补偿调查问卷（见附录二）。

表 6-3　选择集示例（肉牛养殖户）

项目	方案 1	方案 2	方案 3
废弃物资源化利用模式	规范堆肥还田	经济动植物生产	
耕地质量	一般改善	没有恶化	
技术培训	无技术培训	无技术培训	维持现状
补贴额度	获得补贴 1200 元/（户·年）	未获得补贴	
生态环境状况	没有恶化	一般改善	
请选择	□	□	□

（二）肉牛消费者

根据肉牛消费者选择实验属性个数及水平设定，按照全因子设计可获得 48（$4^2 \times 3$）个选择实验框，虽然相比肉牛养殖户实验设计减少很多，但按照两个方案一组随机分配仍能得到 24 个选择集，对于被访问者来说仍然过多，存在降低被访者参与意愿、影响其决策的可能。通过 SPSS 软件的正交实验设计模块，生成 16 个选择框、8 个选择集，每个选择集由两个备选方案和"都不选"三个选项组成，表 6-4 为其中一个选择集示例。8 个选择集配合肉牛消费者相关社会经济情况，组成了消费者视角下的肉牛养殖废弃物资源化生态补偿调查问卷（见附录三）。

表 6-4　选择集示例（肉牛消费者）

项目	方案 1	方案 2	方案 3
废弃物资源化利用模式	经济动植物生产	规范堆肥还田	
生态环境状况	没有恶化	明显改善	方案一和方案二都不想选
支付意愿	1 元/kg	0.5 元/kg	
请选择	□	□	□

三 模型选择

上一节详细介绍了离散选择模型，本节选取随机参数 Logit 模型进行拟合。随机参数 Logit 模型（Random Parameter Logit Model，RPL），也被称为混合 Logit 模型（Mixed Logit Model，MXL），与多元 Logit 模型、条件 Logit 模型相比，不仅可以同时将方案属性和受访者社会经济属性纳入模型，同时还放宽了独立同分布假设，参数分布形式可以灵活设定；不仅能够分析受访者对于选择实验方案的平均偏好、影响因素，方案属性系数标准差检验还能够解释受访者对各属性变量的个体偏好及异质性。徐涛（2018）、Greene 和 Hensher（2003）均认为随机参数 Logit 模型为离散选择模型中优势最为显著的模型之一。

（一）构建随机效用模型来量化资源化利用偏好

肉牛养殖户通过衡量各环境政策方案中不同属性组合的效用，做出效用最大化的方案选择，因此受访肉牛养殖户 n 选择 j 方案所获得的效用 U_{nj} 可以表示为：

$$U_{nj} = V_{nj} + \varepsilon_{nj} = V_{nj}(X_{nj}, S_n) + \varepsilon_{nj} \qquad (6\text{-}7)$$

其中，V_{nj} 为养殖废弃物资源化利用方案 j 给受访养殖户 n 带来的可观测效用；ε_{nj} 为不可观测的随机效用；X_{nj} 为资源化利用的方案属性；S_n 为养殖户的社会经济特征变量。

假设可观测效用 V_{nj} 是养殖废弃物资源化利用补偿方案属性的线性方程，则：

$$V_{nj} = ASC_j + \sum \beta_n x_{nj} \qquad (6\text{-}8)$$

$$V_{nj} = ASC_j + \sum \beta_n x_{nj} + \sum \gamma_n ASC_j s_{nj} \qquad (6\text{-}9)$$

式（6-8）为基础模型。ASC_j 为特定备择常数，表示养殖户选择维持现状的基准效用。β_n 为 j 方案属性 x 对养殖户 n 选择偏好的影响。式（6-9）中加入了 ASC_j 与受访养殖户社会经济特征变量的交叉项，γ_n 为待估系数。参考俞振宁等（2018）的研究，受访养殖户选择方案 1 或 2 时，ASC 取值均为 0；选择方案 3 时取值为 1。

由于存在 ε_{nj}，可以利用方案选择概率来分析受访肉牛养殖户的决策行为。根据效用最大化原则，在有限的方案集合 J 中，肉牛养殖户 n 总会选择其认为效用最大的备选项，记作 j^*：

$$P(j^* \mid J) = P(U_{nj^*} > U_{nj}, \forall j \in J; j^* \neq j) \tag{6-10}$$

（二）离散选择实验中计量模型的选择

离散选择实验中常用的模型包括 Logit 模型、Probit 模型、Nested Logit 模型、Mixed Logit 模型等。其中，Mixed Logit 模型允许参数随个体不同而变动，能够灵活地解决随机性偏好问题。因此，本章选用 Mixed Logit 模型，将式（6-9）中的可观测效用分解为：

$$V_{nj} = ASC_j + \sum (\beta_j + \overline{\omega}_j) x_{nj} + \sum \gamma_n ASC_j s_{nj} \tag{6-11}$$

其中，假设 β_n 是随机且服从某种概率分布，用以刻画受访肉牛养殖户个体偏好的差异；β_j、$\overline{\omega}_j$ 分别为方案属性系数 β_n 的均值及标准差。养殖户 n 选择方案 j 的概率可以表示为：

$$P_{nj} = \int \frac{e^{\beta_n x_{nj}^*}}{\sum_{j=1}^{J} e^{\beta_n x_{nj}}} f(\beta_n \mid \theta) \, d\beta_n \tag{6-12}$$

则受访者对于方案属性 m 的边际受偿意愿的计算公式为：

$$MWTA_m = -\beta_m / \beta_p \tag{6-13}$$

其中，β_m、β_p 分别为肉牛养殖废弃物资源化利用方案属性 m 和补偿金额的系数。

通过显著性检验的方案属性可以被纳入补偿方案，补偿方案的受偿意愿可以通过计算最优方案效用和初始效用的差值得到，计算公式如下：

$$S = -\frac{1}{\beta_p} (V_0 - V_i) \tag{6-14}$$

其中，S 为受访肉牛养殖户参与养殖废弃物资源化利用的总体受偿意愿，V_0 为受访养殖户保持原有废弃物处理方式时的效用水平，V_i 为养殖户选择养殖废弃物资源化利用方案 i 时的效用水平。

四　问卷整体设计

离散选择实验是本章实验设计的核心，但是肉牛养殖户是否愿意参与养殖废弃物资源化利用、消费者是否愿意参与养殖废弃物社会共治，不仅与政策方案有关，还受到养殖户和消费者自身社会经济特征的影响，尤其是非规模化养殖户的个人禀赋、家庭禀赋、养殖场经营状况、对环境保护的认知以及地区因素等，都会对其资源化行为产生影响（Gatto et al.，2019；Atari et al.，2009）。对于消费者而言，除了个人及家庭禀赋外，消费习惯和环境保护意识是十分重要的影响因素。这些变量对应的问题在选择实验中是无法体现的，需要补充在调研问卷的其他部分。因此，肉牛养殖户调研问卷主要由受访养殖户个人禀赋、家庭禀赋、养殖场经营状况、对环境保护的认知和选择实验构成；消费者调研问卷主要由受访消费者个人禀赋、家庭禀赋、消费习惯、环保意识和选择实验构成。需要说明的是，选择实验部分难以理解，调研过程中需要详细地向受访者进行介绍，具体调研问卷附于本书附录部分（见附录二和附录三）。

第三节　研究区域选择及数据收集处理

一　肉牛养殖户样本选择

曹兵海等（2021）研判，中国肉牛产业呈现以西部、东北为牛源主产区，中部为育肥、屠宰主产区，南部背靠消费大市场的新生产格局。基于产区转移形成的肉牛养殖新格局，依托国家肉牛牦牛产业技术体系在全国建立的 29 个综合试验站，采取实地调研和委托问卷调研两种方式，获取肉牛产业发展相关数据，特别重点收集肉牛养殖废弃物处理和资源化相关养殖行为的数据，将调研样本划分为西北、东北、中部和西南 4 个主产区。

受到新冠疫情影响，调研于 2020 年 6 月至 2021 年 7 月陆续进行。具体问卷回收情况见表 6-5。东北、西北、中部和西南地区分别回收有效问卷 216 份、282 份、344 份、203 份，分别得到 1728 个（216×8）、2256 个（282×8）、2752 个（344×8）、1624 个（203×8）肉牛养殖户选择实验样本。

表 6-5　肉牛养殖户问卷回收情况

项目	东北地区	西北地区	中部地区	西南地区	合计
调查地点	内蒙古东部、黑龙江、吉林	新疆、青海、甘肃、宁夏、陕西	山东、河北、河南、湖北、湖南、安徽	广西、云南、重庆、四川、贵州	—
问卷发放（份）	260	330	370	255	1215
有效问卷（份）	216	282	344	203	1045
有效问卷回收率（%）	83.08	85.45	92.97	79.61	86.01

二　肉牛消费者样本选择

消费者问卷调查采取市场调研和委托调研方式开展，深入农贸市场（吉林省、河南省洛阳市、陕西省西安市）随机发放，以及将设计好的问卷发放给周围的同学、家人和朋友委托调研。其中，东北地区选取吉林省长春市、吉林市和通榆县共发放问卷 150 份，黑龙江省哈尔滨市发放问卷 50 份。西北地区选取甘肃省兰州市、陕西省西安市和新疆维吾尔自治区乌鲁木齐市，共发放问卷 105 份。中部地区选取河南省洛阳市、三门峡市、周口市和郑州市共发放问卷 200 份，湖南省长沙市发放问卷 30 份，山东省烟台市发放问卷 30 份，共发放 260 份。西南地区选取重庆市、四川省成都市、贵州省安顺市共发放问卷 160 份。具体问卷回收情况见表 6-6。东北、西北、中部和西南地区分别回收有效问卷 189 份、99 份、252 份、148 份，分别得到 1512 个（189×8）、792 个（99×8）、2016 个（252×8）、1184 个（148×8）肉牛消费者选择实验样本。

表 6-6　肉牛消费者问卷回收情况

项目	东北地区	西北地区	中部地区	西南地区	合计
调查地点	哈尔滨、长春、吉林、通榆	乌鲁木齐、兰州、西安	洛阳、三门峡、周口、郑州、长沙、烟台	重庆、成都、安顺	—
问卷发放（份）	200	105	260	160	725
有效问卷（份）	189	99	252	148	688
有效问卷回收率（%）	94.50	94.29	96.92	92.50	94.90

| 第七章 |

中国肉牛养殖废弃物资源化利用的
生态补偿标准测算

前述章节详细介绍了肉牛养殖废弃物资源化利用方案的离散选择实验核心模块设计及其模型构建，利用选择实验进行问卷调查并对调研区域的基本情况进行了简要描述。根据获取的肉牛养殖户和肉牛消费者对养殖废弃物资源化的偏好及受偿/支付意愿，对肉牛养殖废弃物资源化生态价值进行评估，是测算生态补偿标准的基础，是构建中国肉牛养殖废弃物资源化生态补偿机制的关键，也是本章待解决的核心问题。

第一节　肉牛养殖废弃物资源化生态补偿标准的
核算方法与原则

合理的生态补偿标准是环境政策的重要内容，是生态补偿机制的核心和保障环境政策行之有效的关键。对肉牛养殖废弃物资源化进行生态补偿，既要符合养殖户偏好，对其有足够的激励，又要符合社会支出最小化原则，兼顾养殖户创造的生态环境价值和付出的经济成本，同时考虑到养殖户因环境改善和资源化产品为自身带来的生态效益，保证补偿的高效率。

肉牛养殖户都是理性经济人，追求自身利益最大化。在生态补偿政策下，肉牛养殖户若选择参与废弃物资源化，则其收益由养殖收益、生态

（产品）收益和生态补偿收益构成。但是，当下学者们在核算农户生态行为时遵循的成本原则，大多数是实施成本（董姗姗等，2020；刘晨阳等，2021）、重置成本（耿翔燕等，2018）或机会成本（王昊天等，2020；朱子云等，2016；李国平、石涵予，2015），也有研究将农户在生态行为中获得的生态福利纳入考量（周颖等，2021；王娜娜，2020；李晓平，2019）。刘霁瑶等（2021）、李晓平（2019）分别从福利最大化视角模拟了农户生态行为的决策过程，得出了保障农户参与生态行为的基本条件，即保证参与生态保护后福利水平不下降，这样才能发挥补贴政策等经济手段的激励作用。这一结论同样适用于其他领域农户的生态行为，以实现政策实施的成本有效性，在此不再赘述和推演。本章将肉牛消费者作为公共环境共治的主体之一，与政府、肉牛养殖户共同分担养殖废弃物资源化成本，通过生态付费，补偿养殖户损失，减轻政府负担，承担社会责任。

由于市场机制的缺失，肉牛养殖户的养殖废弃物资源化行为带来的生态价值无法进行市场估价。本章采用在环境价值核算领域已有丰硕成果的陈述偏好技术中的选择实验模型（Choice Experiment Method，CEM），分别从肉牛养殖户和消费者双重视角来评估肉牛养殖废弃物资源化价值。据统计，耕地、河流、湿地围垦、节水灌溉技术、林业、空气污染、生态环境与服务等领域均有研究者做了成功的尝试。

在补偿标准上下限的界定方面并未达成一致，大多数研究者将受偿意愿（WTA）定为补偿标准的下限（李国志，2018；李海燕等，2016；尚海洋等，2015），即最低补偿额，认为补偿标准需要以受偿方为中心，满足其意愿才有可能使补偿标准形成激励作用。但近年来将 WTA 作为补偿标准上限的研究逐渐增多（周颖等，2018；余亮亮、蔡银莺，2015；徐大伟等，2013）。潘美晨和宋波（2021）将确定补偿标准的过程比拟为传统市场价格谈判过程，受偿意愿（WTA）相当于卖方，支付意愿（WTP）相当于买方，双方在实现自身福利最大化即卖方收益最大化、买方成本最小化间寻求博弈合作（见图 7-1），认为卖方会尽可能地"高出价"，WTA"虚高"的可能性很大。由于现阶段中国生态补偿仍处于尝试阶段，农业废弃物方面的生态补偿没有明确方案，为了保证肉牛养殖废弃物资源化生态补偿具有长期有效性和可持续性的可能，需要提高行政效率、降低经济成本，本章将受偿意愿（WTA），即肉牛养殖户的"开价"作为生态补偿标准的上限，结合参与生态社会共治的消费者支付意愿，参考政府财政承受能力，制定生态补偿标准。

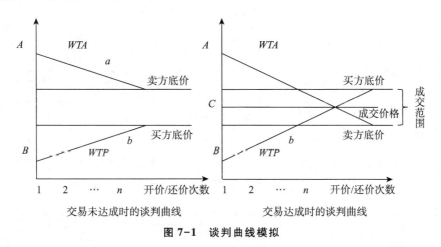

图 7-1　谈判曲线模拟

第二节　肉牛养殖户受偿意愿与标准测算

一　描述性统计分析

表 7-1 为肉牛养殖户（$N = 1045$）基本信息的描述性统计。4 个地区受访者均以男性为主，年龄在 50 岁左右。尽管年龄标准差较大，但肉牛养殖仍以中年人为主，老龄化问题并不严重。相比老年人，青年人、中年人接受新事物能力强、沟通相对容易，这也在一定程度上确保了选择实验的顺利进行。4 个地区受访养殖户平均受教育水平虽以初中、高中为主，但各地区间存在一定差异，其中，中部地区养殖户受教育水平明显高于其他 3 个地区，高中以上学历占比达 18.62%，拥有初中、高中学历养殖户高于其他 3 个地区，拉高了总受访养殖户受教育水平。西南地区养殖户受教育水平与其他 3 个地区存在明显差异，以小学、初中为主，高中以上学历人

数多于高中学历人数。东北地区受访养殖户中高中以上学历人数占比远低于其他 3 个地区，但小学及以下、初中、高中学历人数较为均衡。西北地区受访者学历在初中及以下占比达 82.36%，高中及以上学历人数较少。

表 7-1 变量赋值及基本信息统计

社会经济变量	赋值或单位	统计量	东北	西北	中部	西南	总体
性别 GEN	女性 = 0	%	10.14	16.18	10.64	20.99	13.44
	男性 = 1	%	89.86	83.82	89.36	79.01	86.56
年龄 AGE	周岁（岁）	均值（标准差）	48.52 (9.99)	50.45 (8.80)	46.75 (9.17)	47.62 (10.38)	47.95 (9.53)
受教育水平 EDU	小学及以下 = 1	%	33.33	41.18	6.91	48.15	28.36
	初中 = 2	%	38.41	41.18	42.55	30.86	39.41
	高中 = 3	%	27.54	13.24	31.91	8.64	22.65
	高中以上 = 4	%	0.72	4.41	18.62	12.35	9.58
家庭年收入 INCOME	万元	均值（标准差）	16.47 (14.17)	15.33 (14.00)	19.97 (16.30)	22.07 (20.74)	18.21 (16.28)
家庭务农劳动力 LABOR	人	均值（标准差）	2.01 (0.92)	2.49 (2.27)	2.27 (1.08)	2.48 (1.33)	2.29 (1.49)
肉牛养殖规模 NUM	头	均值（标准差）	26.11 (19.11)	20.89 (14.95)	28.87 (16.10)	18.29 (14.15)	23.92 (17.06)
肉牛养殖环境影响认知 EIBB	没有污染 = 1	%	6.40	20.15	9.24	17.11	12.52
	污染很小 = 2	%	36.80	45.52	53.26	39.47	45.28
	一般污染 = 3	%	52.00	30.60	32.07	36.84	37.19
	污染严重 = 4	%	4.80	3.73	5.43	6.58	5.01

资料来源：根据调研数据收集整理。

4 个地区肉牛养殖户的家庭年收入平均为 18.21 万元，其中西南地区收入水平最高，东北和西北地区则处于低位，中部地区与平均水平接近。参考《全国农产品成本收益资料汇编》数据，各地区肉牛养殖净利润差异很大，其中中部地区净利润较高，西北和东北地区最低，调研地区高原牦牛养殖净利润较高。但是各地区家庭年收入的标准差数值都很大，一方面可能是由养殖规模不同造成的，另一方面可能是受外出务工等多元化收入的影响。

在环境影响认知方面，分别有 45.28%（污染很小）、37.19%（一般污染）和 5.01%（污染严重）的受访养殖户认为肉牛养殖废弃物对环境有负面影响，仍有 12.52% 的养殖户认为肉牛养殖对环境无影响。认知度较高的地区为中部和东北地区。西北地区较中东部地区干旱蒸发量大，加之肉牛养殖多以干清粪为主，废水、污水排放量较少，养殖户平均受教育水平较其他地区低，既难以从直观认知上感受到养殖废弃物的污染，又缺乏书面知识补充认知，故认为肉牛养殖对环境无影响的占比较其他地区高。部分受访养殖户认为肉牛养殖废弃物对环境污染严重，原因可能是：肉牛养殖圈舍离生活居住区较近，抑或养殖头数较多又没有规范的废弃物资源化设施和模式，使得废弃物造成的环境负外部性较大。另外，关于受访养殖户是否参加过环境保护活动（退耕还林、休耕、流域治理、植树造林等）的调查显示，西北和东北地区受访养殖户参加过环保活动的比例较大，中部和西南地区相对较小，但参加过环保活动的受访养殖户占比均超过 50%。且在调研过程中，很多肉牛养殖户表示自己有参与环保活动的意愿，但村内并没有组织过相关活动。以上两个调查指标都显示，各地区受访肉牛养殖户的环保意识和认知度较高，能够认识到肉牛养殖废弃物对环境的影响，对环境状况较为关心。

二　基于随机参数 Logit 模型的偏好估计

由第六章可知，调查共回收有效调研问卷 1045 份。在选择实验中，每个受访养殖户均进行了 8 次方案选择，每次选择中有 3 个备选方案，因此四大肉牛优势产区共有 8360 个样本（$N=1045$），得到 25080 个观测值，其中东北、西北、中部和西南地区分别有 1728 个（$N_1=216$）、2256 个（$N_2=282$）、2752 个（$N_3=344$）、1624 个（$N_4=203$）样本，将其分别纳入随机参数 Logit 模型，分别得到 5184 个、6768 个、8256 个、4872 个观测值。运用 Stata 16.0 对模型进行似然估计，表 7-2、表 7-3 展示了模型估计结果，其中包括各个属性变量的均值和标准差。变量的显著性表示肉牛养殖废弃物资源化方案各属性是否符合养殖户的偏好选择，系数为正值，表示该方案属性符合养殖户偏好，为负值则表示养殖户不偏好该属性。

养殖户的偏好可能存在异质性，主要体现在属性系数标准差及其显著性上。

表 7-2　养殖户随机参数 Logit 模型估计结果（一）

变量	模型 I		模型 II	
	均值	标准差	均值	标准差
ASC	−2.987 ***	3.610	−2.845 ***	2.220
SC	0.837 **	0.315	1.049 ***	0.215
HB	−0.312 ***	0.274	−0.797 **	0.041
EAPP	0.625	0.064 **	−0.232	0.007 **
PR	1.279 **	0.145	0.978 *	0.145
FI	0.901	0.112	0.791	0.112
FB	0.958	0.195	1.133	0.195 *
GTS	0.804 *	0.291	0.691 ***	0.034
CTS	1.032 **	0.009	1.194 **	0.012
EI	1.245	0.0099	0.862	0.307
EB	1.423 **	0.125	0.905 **	0.065
WTA	0.003 ***	—	0.003 ***	—
ASC · AGE	0.254	0.089	0.117	0.013
ASC · GEN	0.336	0.102	−0.545	0.411
ASC · EDU	−0.029	0.003	−0.103	0.074
ASC · INCOME	−0.639 ***	0.107 ***	−0.772 ***	0.212 **
ASC · NUM	−0.327 *	0.086 ***	−0.298 *	0.094 *
ASC · EIBB	−1.308 **	0.234 ***	−1.157 ***	0.316 **
ASC · LABOR	−0.575 **	0.029 ***	−0.374 ***	0.019 **
Log Likelihood	−825.249		−1023.501	
Prob>chi^2	0.000		0.000	

注：*、** 和 *** 分别表示在 10%、5% 和 1% 的统计水平上显著；参照项为"维持现状"下各属性水平。

表 7-3　养殖户随机参数 Logit 模型估计结果（二）

变量	模型 III		模型 IV	
	均值	标准差	均值	标准差
ASC	−2.647 ***	1.710	−2.167 ***	3.980

续表

变量	模型Ⅲ		模型Ⅳ	
	均值	标准差	均值	标准差
SC	1.153*	0.058	1.134**	0.430
HB	1.346*	0.235**	1.625***	0.350
EAPP	0.937**	0.099*	0.835**	0.096**
PR	0.362	0.125**	-0.398	0.687
FI	0.738	0.029	1.027	0.962
FB	1.016	0.147**	0.906	0.176***
GTS	0.209**	0.322	0.814**	0.190
CTS	0.926*	0.294	1.028***	0.596
EI	0.844***	0.139	0.950*	0.223
FB	1.172***	0.092	1.060**	0.241
WTA	0.004***	—	0.003***	—
ASC·AGE	-0.055	0.304	0.214	0.097
ASC·GEN	0.419	0.093	0.195	0.024
ASC·EDU	0.014	0.080	-0.128	0.046
ASC·INCOME	-0.679***	0.043***	-0.408***	0.039*
ASC·NUM	-0.388**	0.201*	-0.290**	0.058***
ASC·EIBB	-2.761***	0.099***	-0.013*	0.047**
ASC·LABOR	-0.549*	0.037***	-0.431**	0.103***
Log Likelihood	-792.437		-1386.236	
Prob>chi^2	0.000		0.000	

注: *、** 和 *** 分别表示在 10%、5% 和 1% 的统计水平上显著;参照项为"维持现状"下各属性水平。

模型Ⅰ、Ⅱ、Ⅲ、Ⅳ分别为东北、西北、中部、西南 4 个地区的估计结果。其中,变量的显著性表示该属性对肉牛养殖户参与养殖废弃物资源化决策是否有影响,系数为正表示该属性符合养殖户偏好,有助于提高养殖户参与废弃物资源化的积极性;反之则表示该属性对养殖户参与废弃物资源化有负面影响。属性系数的标准差及其显著性解释了受访养殖户的偏好异质性。

（一）ASC

模型Ⅰ、Ⅱ、Ⅲ、Ⅳ的 ASC 均显著且小于 0，说明相对于维持现状，4个地区的肉牛养殖户均倾向于采纳养殖废弃物资源化方案，对养殖废弃物处理方式进行改进。近年来，政府致力于农业生产环境保护和农村人居环境改善，越来越多的肉牛养殖户对环境保护重要性有了更深入的认识和理解，意识到保护环境不仅有利于人类健康，更是农业生产可持续发展的重要前提。同时，随着肉牛产业的不断发展进步，肉牛养殖户养殖技术水平整体提升，肉牛养殖废弃物的科学处理和利用，有助于肉牛养殖的疫病防治，事关肉牛健康养殖，影响着养殖户的养殖效益和畜产品质量安全。在调研过程中，我们发现养殖效益较好的养殖户对肉牛圈舍的环境状况都十分重视。

（二）方案属性

补贴变量的系数均值在 4 个模型中均显著为正，给予资金补偿有利于激励肉牛养殖户参与养殖废弃物资源化。肉牛养殖户进行养殖废弃物资源化，将废弃物环境负外部性转正，是基于人财物成本的投入才得以实现的，体现了"污染者付费"的原则，而适当的补贴不仅有利于增强肉牛养殖户参与意愿，更符合"保护者受偿"的原则。

在耕地质量方面，各地区养殖户的偏好均未通过显著性检验。调研过程中，养殖户虽然表示认可有机肥对于土壤地力恢复、改善土壤结构较化肥具有明显优势，且 89.3% 的养殖户在从事肉牛养殖生产的同时，兼营种植业，对于养殖废弃物还田具有基本认知。但可能由于养殖户以肉牛养殖为主业，对于耕地肥力状况的关注度相对较低。

在技术培训方面，各个模型中 GTS 和 CTS 系数均显著为正，即各地区受访养殖户对于技术培训均有显著偏好，认为规范的肉牛养殖废弃物资源化需要技术指导才能有效推进。生态环境状况明显改善，即 EB 系数均显著为正，说明各地区肉牛养殖户对于良好的生态环境有强烈诉求。

对于资源化利用模式属性各系数，各模型既有相似之处但也存在明显差异。其中，规范堆肥还田系数在 4 个模型中均显著为正（显著性略有不同）。堆肥还田自古有之，是最基础、最普遍的养殖废弃物资源化方式，技术水平要求低。规范堆肥还田则对堆肥场所、堆肥时间、还田方法有明确要求。对于养殖户而言，该模式经济成本、学习难度较低，受到非规模化养殖户的偏爱。在实地调研以及与养殖户的深入交谈中得知，大部分养殖户对于规范堆肥还田有着天然好感和较高认可度。其他 3 种资源化利用模式的选择，因地区不同而存在差异。

东北地区（模型Ⅰ）和西北地区（模型Ⅱ）肉牛养殖户有相似之处，对于户用沼气模式有偏好，系数分别在 1% 和 5% 的水平下显著为负；对于经济动植物生产不排斥但也没有偏好，因为其系数均没有通过显著性检验。东北地区冬季气温过低，西北地区则不仅冬夏、昼夜温差大且气候干燥，蒸发量较大，沼气工程若想维持稳定的产气量需要配备加热设备，建造成本较高，户用沼气并不适宜非规模化肉牛养殖户的废弃物资源化。在东北地区实地调研时，养殖户表示在国家推行沼气利用时期修建的沼气池，由于不适用已经荒废。经济动植物生产系数均值虽然不显著，但该系数标准差则在 5% 的水平下显著，说明养殖户对于这种资源化利用模式的偏好具有异质性。部分养殖户对经济动植物生产较为陌生，离自己认知较远，或者听说过这种资源化利用方式但缺乏技术支持，周边较少看到这种生产方式的成功案例。以经济动植物生产中的蚯蚓养殖为例，蚯蚓生长繁殖需要温润潮湿的环境，在东北和西北地区推广存在一定困难。食用菌产业在东北和西北地区都较为发达，肉牛养殖废弃物被食用菌种植户用作菌包的重要辅料，但由于无论是食用菌种植还是肉牛养殖，都需要花费一定的人力、物力，西北和东北地区均是国内地广人稀的地区，非规模化养殖户可能受到劳动力数量不充足的限制，没有多余的精力去经营新的产业。垫料回用模式的系数均值在西北和东北地区都显著为正，说明两地区养殖户对此模式具有偏好。同样受到气候、温差的影响，西北地区和东北地区许多非规模化肉牛养殖户在养殖过程中，对于肉牛养殖废弃物的清理并不及时，虽然在一定程度上反映非规模化养殖户不规范的养殖方式，但是养殖废弃物发酵生热，对牛舍有一定保温作用。规范的垫料回用技术，充分发挥了肉牛粪污柔软、发酵生热等作用，有助于维持肉牛生产性能，且垫料无须频繁清理，无须另外新建储粪池或堆粪场，节省了人力、物力；定期清理出来的垫料可以直接用作有机肥料，因此越来越受到养殖户的青睐。

中部地区（模型Ⅲ）和西南地区（模型Ⅳ）对于规范堆肥还田、经济动植物生产和户用沼气均具有显著偏好。中部地区经济发展水平在4个区域中较高，肉牛养殖户接受新技术、新理念的能力强、速度快，也愿意进行尝试，但两地区的肉牛养殖户对于经济动植物生产的偏好存在一定的异质性，其经济动植物生产模式的系数标准差显著为正。户用沼气在中部和西南地区具有明显的区域适应性，在国家大力推行沼气生产时，已形成一定的普及率，因此养殖户接受程度较高，中部地区养殖户在偏好上存在一定异质性。垫料回用模式在中部地区和西南地区的认可度不同，虽然均未通过显著性检验，但中部地区垫料回用模式的系数标准差在5%的水平下显著为正，表明养殖户对此种模式的偏好存在差异。

（三）交互项

在各地区模型的 ASC 与社会经济变量的交互项中，ASC 与家庭年收入（INCOME）、养殖规模（NUM）、环境影响认知（EIBB）和务农劳动力（LABOR）4个交互项系数均通过了显著性检验，且均显著为负。ASC 与 INCOME 交互项系数在1%的显著性水平下通过检验，系数为负，说明在维持其他条件不变的情况下，家庭年收入与肉牛养殖户参与养殖废弃物资源化意愿成正比。家庭年收入越高，肉牛养殖户则越有能力负担废弃物资源化成本，愿意在保证生活质量的前提下，为良好的生态环境付费。ASC 与 NUM 交互项系数显著为负，肉牛产污水平随着养殖规模的扩大而提升，那么无论是国家政策，还是农村地区生产生活环境要求的现实，肉牛养殖规模越大，对于废弃物资源化要求越高。ASC 与 LABOR 交互项系数为负，说明家庭务农人口越多，则肉牛养殖户越愿意参与养殖废弃物资源化。若家庭务农人口不足，在尚未实现机械化养殖的情况下，养殖废弃物资源化必然会增加养殖户生产压力，导致其无过多余力参与资源化。对环境影响的认知程度（EIBB）也对养殖户偏好产生了影响，即认知程度越高，越能认识到养殖废弃物对环境的危害，则越愿意参与养殖废弃物资源化。

三　肉牛养殖户受偿视角的补偿标准测算

根据随机参数 Logit 模型估计结果，计算出各地区肉牛养殖户在养殖废弃物资源化方案中各属性的边际受偿意愿，结果如表 7-4 所示。肉牛养殖废弃物资源化生态补偿受偿意愿，即各个属性组合方案效用价值可以通过计算最优效用方案效用和初始效用的差值得到，且仅有通过显著性检验的属性才可被用于测算补偿金额，计算结果如表 7-5 所示。根据《中国畜牧兽医年鉴 2021》，2020 年，年出栏数小于 50 头的肉牛养殖户有 748.1 万户，按照规范堆肥还田进行生态补偿，需要安排资金 75.12 亿元。

表 7-4　方案属性边际受偿意愿

单位：元

属性	东北	西北	中部	西南
SC	277.6	349.3	286.1	374.9
HB	—	—	335.6	538.4
EAPP	—	—	234.2	279.2
PR	421.9	326.0		
GTS	269.1	221.1	52.3	268.5
CTS	344.0	397.6	227.6	340.7
EI	—	—	211.0	314.1
EB	472.5	304.5	291.5	350.6

表 7-5　各方案补偿标准

单位：元/（户·年）

方案	东北	西北	中部	西南	平均
规范堆肥还田	1094.1	1051.4	805.2	1066.2	1004.2
户用沼气	—	—	854.7	1229.7	1042.2
经济动植物生产	—	—	753.3	970.5	861.9
垫料回用	1238.4	1028.1	—	—	1133.3

注："耕地质量"和"生态环境状况"均为"明显改善"状态下；"技术培训"为"全面技术培训"。

第三节　肉牛消费者支付意愿与标准测算

一　描述性统计分析

表 7-6 为参与调研的肉牛消费者的描述性统计分析。与养殖户调研问卷不同，参与调研问卷作答的消费者以女性为主，占总受访者人数的 71.43%；所有受访者的平均年龄为 41 岁（标准差为 12.46），且 54.85% 的受访者受教育水平达到高中及以上。受访消费者的家庭禀赋存在一定差异，其中家庭年收入水平差异较大，家庭年收入平均为 18.21 万元，标准差为 16.28。在肉牛养殖废弃物对环境影响认知上，所有受访者都认为养殖废弃物会对环境造成负面影响但影响程度不同，其中，27.85% 的受访者认为养殖废弃物对环境污染很小，59.73% 的受访者认为污染程度一般，12.42% 的受访者则认为污染严重。

表 7-6　消费者变量赋值及基本信息统计

社会经济变量	赋值或单位	统计量	
性别 GEN	女性 = 0	%	71.43
	男性 = 1	%	28.57
年龄 AGE	周岁（岁）	均值（标准差）	40.59 (12.46)
受教育水平 EDU	小学及以下 = 1	%	8.67
	初中 = 2	%	36.48
	高中 = 3	%	41.19
	高中以上 = 4	%	13.66
家庭年收入 INCOME	万元	均值（标准差）	18.21 (16.28)
肉牛养殖环境影响认知 EIBB	污染很小 = 2	%	27.85
	一般污染 = 3	%	59.73
	污染严重 = 4	%	12.42

资料来源：根据调研数据收集整理。

二　基于随机参数 Logit 模型的偏好估计

消费者养殖废弃物资源化的选择实验与肉牛养殖户基本相同，补偿金额属性描述为"愿意承担生态付费的金额"。由第六章可知，本调研共回收肉牛消费者的有效问卷 688 份，将得到的 5504 个（$N=688$）样本纳入随机参数 Logit 模型，共得到 16512 个观测值。表 7-7 展示的模型估计结果包括各个属性变量系数的均值和标准误。其中，变量的显著性表示该属性是否影响肉牛消费者对养殖废弃物资源化利用行为的支持，系数值为正则表示消费者对资源化方案的该项属性具有偏好，愿意参与这种社会共治；反之则表示该属性对肉牛消费者参与废弃物资源化有负面影响，不愿意付费。

表 7-7　消费者随机参数 Logit 模型估计结果

变量	模型 V		模型 VI	
	均值	标准误	均值	标准误
ASC	-2.001 **	0.372	-1.835 *	0.093
SC	0.037 **	0.004	0.029 ***	0.001
HB	0.012 *	0.002	0.031 **	0.053
EAPP	0.025 *	0.003	0.014 **	0.002
PR	0.079 *	0.006	0.017 **	0.044
EI	0.041 *	0.002	0.006 *	0.029
EB	0.023 **	0.007	0.035 *	0.019
WTP	-0.019 ***	0.000	-0.027 ***	0.000
ASC·AGE			0.117 **	0.109
ASC·GEN			0.045	0.082
ASC·EDU			-0.123 *	0.051
ASC·INCOME			-0.073 **	0.006
ASC·EIBB			-0.052	0.043
Log Likelihood	-2109.35		-1983.74	
Prob>chi²	0.000		0.000	

注：*、** 和 *** 分别表示在 10%、5% 和 1% 的统计水平上显著；参照项为"都不选"状态下各属性水平。

表 7-7 展示了模型 Ⅴ（仅有选择方案属性）和模型 Ⅵ（包含选择方案属性、消费者社会经济特征变量）的拟合结果。两个模型的 *ASC* 系数均显著为负，即受访肉牛消费者普遍有参与养殖废弃物资源化共治的意愿。描述性统计中，公众对于肉牛养殖废弃物带来的环境问题认知度较高，对生活环境有了更高的要求。

属性变量中，两个模型的各资源化利用模式、生态环境状况、支付意愿，都通过了显著性检验。其中，支付意愿系数在 1% 的显著性水平下为负，说明在其他属性保持不变的情况下，肉牛消费者的效用水平与其支付意愿呈正相关，即作为环境付费者，他们更倾向于支付较低的费用，获得更高的环境效益。资源化利用模式、生态环境状况属性系数均为正，即消费者对肉牛养殖废弃物资源化方案中的各属性均具有显著偏好，愿意进行付费补偿。

添加社会经济特征变量与 *ASC* 交互项的模型 Ⅵ 中，年龄、受教育水平和家庭年收入的交互项通过了显著性检验。年龄交互项系数在 5% 的水平下显著为正，消费者环境支付意愿与年龄成反比，越是年轻越能接受生态补偿和社会共治思想。受教育水平交互项、家庭年收入交互项系数则显著为负，受教育水平越高、环保意识越强，家庭年收入越高、环保支付能力越强，对于消费者参与养殖废弃物资源化共治都具有正向影响。

三　肉牛消费者支付视角的补偿标准测算

根据随机参数 Logit 模型，即包含消费者社会经济特征变量的模型 Ⅵ 拟合结果，计算出消费者在养殖废弃物资源化方案中各属性的边际支付意愿和方案最高水平支付意愿（见表 7-8 和表 7-9）。

表 7-8　方案属性边际支付意愿

单位：元/kg

属性	边际支付意愿
SC	1.07
HB	1.09

续表

属性	边际支付意愿
EAPP	0.61
PR	0.59
EI	0.21
EB	1.18

表 7-9　各方案支付意愿

单位：元/kg

方案	支付意愿
规范堆肥还田	2.25
户用沼气	2.27
经济动植物生产	1.79
垫料回用	1.77

注："生态环境状况"为"明显改善"。

根据《中国统计年鉴 2021》，2020 年城乡居民牛肉年均消费量为 2.3kg，人口数为 14.12 亿人，以规范堆肥还田为例，可以吸纳 73.07 亿元的社会资金进行肉牛养殖废弃物资源化生态补偿安排；结合肉牛养殖户的受偿意愿，规范堆肥还田模式下的生态补偿资金需求为 75.12 亿元，在政府财政转移支付支持下（2.05 亿元），基本可以满足肉牛养殖废弃物资源化生态补偿制度安排的资金需要。

| 第八章 |

中国肉牛养殖废弃物资源化利用
生态补偿机制构建

前述章节运用离散选择实验分别从肉牛养殖户受偿意愿和肉牛消费者支付意愿的视角，量化了肉牛养殖废弃物资源化参与意愿，为社会共治视角下肉牛养殖废弃物资源化生态补偿标准的制定及生态补偿机制的构建提供了数据支撑。生态补偿机制的构建可以看作一个规则的集约（黄秀蓉，2015），如何构建及优化肉牛养殖废弃物资源化生态补偿机制？国内外其他领域的生态补偿机制有哪些成功的实践经验？这些问题是本章的主要研究内容。

第一节　国内外生态补偿的实践经验

一　国际经验

（一）国际生态补偿主要方式

根据生态补偿主体的不同，国际上的生态补偿一般分为两种方式：一类是以政府购买为主的生态补偿方式；另一类则是更为复杂的、运用市场手段来实现的生态补偿方式，如私人购买、市场交易、生态标志等。

1. 政府购买为主的生态补偿方式

政府购买为主的生态补偿方式是指由政府根据社会需要购买生态环境

服务，然后提供给社会成员的一种生态补偿模式。该模式的显著特征为资金来源单一——以公共财政支付为主、以国际社会的援助资金为辅。因生态环境服务具有显著的外部性和公共物品属性，从应用广度和应用结果的有效性、支付力度等方面看，政府购买无疑是生态环境服务提供的主要形式。国际上生态补偿的成功经验大多采用此种模式，如美国政府推行的"土地休耕计划"、购买生态敏感土地来建立自然保护区；欧洲国家通过生态税的形式对生态环境进行补偿；德国则通过较为完善的区域转移支付手段，在洲际进行横向转移支付。

2. 市场化的生态补偿方式

环境问题具有明显的负外部效应，政府在提供和推动实施生态服务过程中的重要性是不容忽视的，但以政府为主导的生态补偿方式，缺乏利益相关者参与，存在补偿效率偏低、补偿方式单一等问题。市场竞争机制在提高生态效益、丰富补偿方式等方面起到积极作用。市场主导的生态服务付费方式主要包括以下三种模式。

第一，自愿的私人购买。私人购买是指生态服务的受益方与支付方之间的直接交易，一般适用于生态服务对象明确且对象较少的情形，多为一对一交易。生态服务的交易双方经过谈判或通过中介组织，确定交易的条件和价格。这种方式常见于小流域的上下游之间、产权明晰的森林生态受益者与提供者之间、某些商业组织或环保组织为保护生态系统功能而进行的生态补偿等。

第二，开放的市场交易。市场补偿是指市场交易主体在政府制定的各类生态环境标准、法律法规的范围内，利用经济手段，通过市场行为改善生态环境的活动的总称。开放的市场交易就是将生态服务推入市场，通过市场运行机制实现生态补偿。该模式适用于生态服务买方与卖方数量比较多或不确定，同时相关生态服务能够被标准化、可计量、可分割的情形。开放的市场交易不是自由的市场交易，而是需要政府明确哪些种类的环境服务可以进入市场，并为此制定相应的规则，以保证市场交易的公平实施。

第三，生态标志。生态标志制度是国际社会中一项普遍推行的环境友好型产品的认证制度，是一种间接支付生态服务付费的形式。该模式属于间接的生态补偿，依赖于专业化、标准化、规范化的第三方认证体系。基于对第三方认证体系的信任，消费者选购商品时愿意支付更高的价格来购买经过认证的生态友好型产品，而高出的部分作为提供生态服务的补偿。欧盟国家的生态标签制度就是这种生态补偿。

（二）国际生态补偿实践经验

生态补偿根据对象的不同，可分为流域生态补偿、森林生态补偿和农业生态补偿等类型。许多国家基于其面临的生态问题，开展了不同形式的生态补偿实践。

1. 流域生态补偿

国际上的流域生态服务付费最早起源于对流域的管理和规划，主要是为了减少土壤侵蚀，对流域范围内的耕地和周边土地的所有者给予相应的补偿。流域生态服务产品类型的科学界定是流域生态服务付费的一个非常重要的前提条件，也是开展流域生态服务付费的重要依据和基础。从目前的国际经验看，流域生态服务付费的方式既有政府行为，也有市场行为。

美国政府以州为单位建立了洲域流域贸易制度。早在 1966 年美国便制定了相关法规（《流域贸易草案》），开创了流域银行治理制度，以流域银行为媒介搭建了中央贸易平台，进行排污票据交换。具体来说，履行污染减排信用的提供者在流域银行进行资金交换，超过污染排放限额的污染者则出资购买排放信用，为超排买单。

法国矿泉水生产商 Vittel 为保证其水源安全，为 Rhin-Meuse 流域范围内的农场主提供为期 18~30 年的生态补偿，帮助农场主改良牲畜饲养及粪污处理方式、放弃使用农用化学品，以达到保护水源的目的。

在跨国合作治理流域方面，捷克和德国就易北河流域的水质状况达成了一系列协作共治协议。易北河发源于捷克，有 2/3 径流流经德国并在其北部入海。根据两国协议，德国制定流域生态保护法律，禁止在易北河流域的自然保护区内进行可能影响生态环境的生产活动。流域治理的资金主要来源于财政贷款、排污费以及上下游间的生态补偿等，其中排污费由污水处理厂代收并按一定比例上缴国家环保部门。根据两国协议，德国政府利用这些经费在两国交界处兴建污水处理厂，满足两国发展需求，改善易北河水质，保护流域生物多样性。

厄瓜多尔采用"政府+社团"模式进行生态补偿实践。1999 年为了解决自然灾害严重、水资源供给不稳定的问题，极度贫困的皮马皮罗市修建了一条运河。经历了自然灾害，当地淡水使用者的水资源支付意愿相对较高。因政治局势和经济发展表现不稳定，单纯依靠中央财政资金来解决水资源保护问题举步维艰。在此背景下，介于市场与政府管理机构之间的社会团体形成了去行政中心化的水域管理机制。2000 年，厄瓜多尔的非政府组织，即可再生自然资源发展组织（CEDERENA）与当地政府形成了最初的帕劳河（Palau River）饮用水生态补偿方案，并由双方共同运营管理。该项目由水消费附加税的 20%、水基金的利润、财政拨款，以及后期泛美基金（IAF）的资助，形成了 38000 美元的资金池。该资金用于补偿帕劳河上游的农场或者其周边的居民。有 70% 的农户参加了该项目，且合同最初由 5 年的期限延长至无限期，接受生态补偿的土地面积范围为 1 ~ 93 公顷。但该项目的运营还存在一些问题：一是小农户因需花费较多精力，参与积极性不高；二是交易成本过高，约合每年每公顷 1.54 美元；三是监督机制不完善，监督的对象及信息来源都是针对土地的使用情况，并非服务提供者的行为特征；四是监督力度偏小，该项目采用"定期访问+随机抽查"模式，因人力资源有限，对偏远地区的监督力度不足。

2. 森林生态补偿

墨西哥自然禀赋条件优越，森林覆盖率高，森林资源呈现较为集中的特征。全国范围内 8500 个合作农场或其他社区组织拥有约 59% 的森林，总人口中约有 1200 万人的生计依赖森林。近年来，随着城市化进程的推进，墨西哥森林面积不断减少，森林退化严重。墨西哥政府于 2003 年成立了森林基金（FFM），以解决严重的森林退化问题。在资金规模方面，该基金现有规模为 160 万美元。在资金使用制度方面，该基金的 160 万美元覆盖了后续 4 个年度，突破了财政预算要在当年使用完毕的限制，保障了资金使用的科学性、有效性，为五年合约的执行提供了中长期的资金保障。在补偿机制方面，该基金采用奖励手段而非强制手段，对不改变森林用途的行为进行奖励，同时墨西哥国家森林委员会（CNF）决定在五年内对森林的保护行为进行补偿。在技术手段方面，水文环境服务机构（PASH）通过卫星定位系统提供宏观层面的森林覆盖面积数据，为下一年度的基金支付提供技术依据。在制度保障方面，墨西哥国家森林委员会设立了技术委员会（TC），负责专门制定基金运行的条例。在定价机制方面，该基金试行了双重定价机制，每平方英尺茂密森林的定价为 40 英镑，其他森林种类的定价为 30 英镑。在执行标准方面，为适应经济社会发展，合同条款每年都会进行更新和重新签订，目前有如下内容：一是森林的面积密度应当在 80% 以上（如每平方英尺面积上应有 80% 的树木覆盖）；二是位于过度开发地下水的区域；三是靠近人口数量大于 5000 人的区域；四是国家保护区域或"优先保护山区"；五是过度开发的水域。

哥斯达黎加是世界上生物多样性最高的国家。在经济发展过程中，森林被砍伐和破坏的现象日益严重，森林覆盖率衰退对物种多样性造成威胁。面对日益严峻的森林生态环境，哥斯达黎加政府自 20 世纪 70 年代开始采取多方位生态补偿措施，成为全球森林生态补偿的重要实践案例。哥斯达黎加政府一共采取了三项措施。一是采用生态标志的方式进行生态补偿，通过森林信用认证（FCC）、森林保护认证（FPC）等市场认证手段，推广商品林的种植，解决森林无序开发的问题。二是立法保护。1996 年修订的《森林法》从立法层面提出了森林的四种服务形态，分别是减少温室气体排放、水文服务、生物多样性保护以及为生态旅游提供优美景观。三是成立基金会。1996 年 4 月成立了国家森林财政基金（FONAFIFO），由环境能源部、农业部和国家银行系统的代表及两个私营森林部门的代表组成，负责森林生态效益补偿基金的使用、监督与管理。在资金来源方面，该基金的资金来源主要是 3.5% 的化石能源销售税；在补偿对象方面，该基金主要对土地所有者植树再造林、持续性的森林管理以及森林保护行为进行补偿；在补偿方式方面，该基金直接补偿私人土地的使用者，缓解土地森林覆盖率快速衰退的态势；在土地规模限制方面，符合条件的土地面积范围弹性较大——从 1 平方英尺到 300 平方英尺不等；在补偿标准体系方面，经过多年实践，该基金形成了详尽的补偿标准体系，对不同生态保护行为分类实施补偿标准，采取阶梯式的补偿标准，先前两年的支付比例高达70%，覆盖了前期木材的大部分成本，后期根据土地所有者的合同履行情况调整补偿标准，在此期间，土地所有者的碳排放权益和其他环境服务权利均由基金会统一管理；在合同申请与履行方面，森林保护计划书也是合同的重要内容，是履约的重要标准，待合同执行期满，土地所有者将会重新进行谈判。

3. 农业生态补偿

20世纪90年代初期，农业清洁生产的日臻完善为国际社会探索农业现代化新道路指明了方向。各国在尝试可持续农业和有机农业生产实践中，开始推行以鼓励和引导农民环境友好型生产行为为目标的补偿政策，并得到了广大公众的支持与认可。发达国家利用生态补偿政策手段在农业环境保护方面取得重大进展，许多经验值得我们学习和借鉴。

美国政府自20世纪30年代以来，为遏制大规模土地开发导致的土壤侵蚀等生态退化问题，逐步实施一系列保护土地和环境资源的生态补偿政策，采用自愿支付的方式鼓励农户开展土壤保护和其他农业环境改善活动，使得农业生态环境质量大幅提高。这些政策措施中影响比较大的包括：土地休耕保护计划（Conservation Reserve Program，CRP）、环境质量激励计划（Environmental Quality Incentives Program，EQIP）和保护支持计划（Conservation Security Program，CSP）。其中，美国农业部支持力度最大的环境保护项目是EQIP。

EQIP是一种农民自己制订实施计划、自行提出项目申请、自行提出资金期望即农民受偿意愿，由项目提供技术援助、费用分摊和激励支付的运作模式，帮助农业生产者改善和保护农村环境。自1997年实施EQIP以来，美国改良土地面积超过5100万公顷，地下水质明显改善，牧场面源污染问题得到缓解。该项目之所以成功，一是给予农民更大的自主权和选择权，充分调动了农民的积极性。在项目申请环节，由农民根据自身成本和收益，制定实施方案，提出受偿意愿，通过竞标的方式参与该项目。而政府对农民受偿意愿的科学合理性进行审核。差别补偿标准更能有效地激励农户参与环境保护项目，积极履行环保合约。二是制定科学系统的评价体系，选择效益最大化的项目。美国农业部制定一整套科学效益评价体系，参考各地土地市场信息，运用环境效益指数（Environment Benefits Index，EBI）对申请项目的环境绩效、项目可行性以及竞价进行全面评估，筛选出环境效益与经济效益最大的项目。按照改善生态环境的轻重缓急，向优先目标拨付资金，由州政府灵活进行资金配置，优先用于最需要保护的项目上，并对每名农户实行差别化补偿。

20世纪70年代末80年代初，欧盟各国的农业现代化发展使生态环境受到威胁，同时影响农产品质量安全。欧盟亟须引入新的环保政策，促使农业与生产环境保护协调发展，由此开始了"问题识别——试点探索"的农业环境政策探索阶段。欧盟在兼顾环境保护与食品安全的同时，通过调整联合农业政策，以适应现代农业发展的新形势和新需求。自2003年起，欧洲改变了共同农业政策的初衷，将农业补贴与环境保护相结合，形成一个完整的补贴政策体系，以保证农产品自给为核心，从而完成农业补贴、环境保护功能的彻底改造。实施欧洲农业生态补偿政策，为鼓励农民环保生产、清洁经营，优化农业发展的外部环境，培育农民环保、质量、安全意识。欧洲国家为支持现代农庄经营模式，实现农业与环境的协调发展，充分利用农业生态补助资金。代表性的模式有两种。①德国现代家庭农场自主经营模式。共同农业政策提供的农业补贴不再与产量挂钩，而是与农场的经营状况挂钩，与动物保护状况挂钩，与自然保护状况挂钩，与消费者保护标准的遵从程度挂钩，以家庭农场为基础。这种做法不仅有助于防止农民盲目提高产量以追求更多补贴，而且根据市场需求，也能让农民更好地进行组织生产的考虑。②法国大型农业合作社经营模式。在国家贷款、补贴、税收减免等方面，享受政府的优惠待遇。农业合作社的作用是：在农业生产过程中面临风险问题时，能够引导农民的生产决策，避免出现农产品过剩或短缺的局面，同时能够以群体的力量来面对市场竞争。

随着日本整体环境保护意识的不断提升，日本的农业环境政策也在逐渐改善。日本政府自20世纪60年代开始重视公害问题，并在70年代以后提倡发展循环农业。日本农林水产省于1992年发布《新的食物、农业和农村政策基本方向》，第一次提出"环境保全型农业"的概念，自此进入新农政时代；1999 年日本出台了以"提高农产品自给率、提高农业经营效益、发挥农业多种功能和促进农村振兴发展"为主要目标的《粮食・农业・农村基本法》（简称《新农业基本法》），对包括土地、经营、环境、资源等在内的农业重大政策进行了调整。日本为促进环保农业发展出台了"农业环境三法"（简称"持续农业法""牲畜排泄法""肥料管理法"），同时形成了"减体重减药物、废物再生利用型、有机农业型"三大农业模式，大力推广农业清洁生产技术。日本政府采取"高额农业补贴"的方式，有效地激发农民的生产热情，并全面地推动环保农业支持政策的实施。日本环境保护救助政策的运行机制和内容如下。第一，日本环境保护救助政策的区域和规模均有所扩大。日本环境保护救助政策加强了对高职权的重点支持，以扩大家庭农业的经营规模，优化农业生产结构。对从事有机农业生产的农民的环境贷款，免收农业专项资金；对有机农产品植入方式采用无公害蔬菜生产模式的农户，给予经济损失补助和奖励补助。第二，健全农业认证环境保护体系。日本不仅建立健全有机农产品认证体系，而且还制定补贴、贷款、税收、社会地位、利益等多个基本原则，为生态农场主体提供了积极的生态农场认证体系。第三，构建环境管理机制，构建公共参与机制。日本政府的法律规定：计划参与、流程参与、末端参与、行为参与四种模式组成社会环境利益，应构建健全的公共参与机制。在整个社会形成一个良好的环保风气的同时，民众反应与舆论也成为纠正和避免政策失灵问题的"晴雨表"。

二　国内经验

自 1978 年改革开放后，中国生态补偿经过了初级阶段作为环境保护的附加政策，使其脱离了环保政策，并健全了分项相结合的综合政策。中国生态补偿政策的初级阶段以生态环境价值的负外部性治理为主要目标，生态环境价值的正外部性内部化要求居于附属地位，主要涉及森林、草原、流域和水资源、矿产资源开发等多个重点领域。

（一）森林生态补偿

自 1994 年国务院提出"确立林价与森林生态效益补偿体系，实施森林资源有偿使用"后，2004 年，我国森林生态补偿法逐步完善，正式设立森林生态效益补偿基金，意味着我国森林领域生态补偿制度的确立。生态屏障建设的标志性工程是三北保护林系统建设，是在生态补偿这一国家层面上已有的一个重要内容。1978~2050 年，国家规划造林 5.34 亿亩，分三期和八期。财政部和国家林业局颁布了《国家级公益林区划界定办法》（2009 年）、《中央财政森林生态效益补偿基金管理办法》（2007 年），根据《森林法》的相关法规，根据森林生态补偿的依据、来源、对象、标准、考核机制等，在全国率先实施森林生态补偿工作。首先，《中央财政森林生态效益补偿基金管理办法》总则第一条是森林生态补偿的根据和来源：各级政府依据《森林法》、《中共中央 国务院关于加快林业发展的决定》（中发〔2003〕9 号）的规定，安排专项资金，设立森林生态效益的中央财政赔偿基金，以保护公益林资源、维护生态安全等。这一条款将中国生态补偿法律设立最初的生态补偿主体由单一中央政府向各级政府延伸，拓展生态补偿的融资来源。其次，该办法第二条是以营造、抚育、保护和管理重点公益林为目标，以确定森林的生态补偿目标。在此，我们将考虑不涉及发展机遇的生态环境。再次，该办法第二章第四条对国家、集体和个人定义的森林生态补偿进行了界定，并提出了衡量森林生态补偿的标准、经费的原则和分配比例，并明确规定："中央财政补偿基金平均标准为每年每亩 5 元，其中 4.75 元用于国有林业单位、集体和个人的管护等开支；0.25 元由省级财政部门列支，用于省级林业主管部门组织开展的重点公益林管护情况检查验收、跨重点公益林区域开设防火隔离带等森林火灾预防以及维护林区道路的开支。"不考虑发展机遇费用，更不考虑建设森林生态服务价值，以至于森林生态补偿标准偏低，远低于生态保护费用。最后，该办法第十八条规定了以往的森林生态补偿评价制度，指出：省级林业主管部门对违反重点公益林管理规定的重点公益林或者因管护不善造成重点公益林破坏、生态功能持续下降的责任单位，应当按照有关条款规定，采取适当的处罚措施。《中央财政林业补助资金管理办法》（2014 年）调整了林业生态效益补偿标准，其中包括林业国有平均补偿标准（每年每亩 5 元）、国家公益林集体和个人共有补偿标准（每年每亩 15 元），极大地提升了森林生态补偿水平，并从生态保护成本、发展机会成本、生态服务价值等角度综合考虑了森林生态补偿水平。

（二）草原生态补偿

1985 年第六届全国人民代表大会常务委员会第十一次会议通过的《中华人民共和国草原法》提出，在保护、管理和建设草原，发展草原畜牧业等方面做出突出贡献的单位或个人，各级人民政府应该给予精神或物质奖励。但是，这个时候提出的奖励，与严格意义的生态补偿并不相符。2002 年第九届全国人民代表大会常务委员会第三十一次会议修订的《中华人民共和国草原法》指出，在有条件的农区、半农半牧区、牧业区上实施牲畜圈养。草原承包经营者要按照饲养牲畜的种类和数量，采用青贮、饲草加工等新技术，对饲草料进行调剂和储备，逐渐改变依靠自然草场放牧的生产模式。在草原禁牧、休牧、轮牧区，国家根据草原与牲畜关系，以保护草原的机会成本为基础，推行舍饲圈养，然后决定其补偿标准，给予粮食、资金补助。2011 年，财政部联合农业部推出我国首个草原生态保护补助奖励政策，针对内蒙古、新疆等 8 省区的 268 个牧业县，对实施草畜平衡的草场按每年每亩 6 元奖励（覆盖牧民减畜损失约 50%），人工种草良种按每年每亩 1.5 元补贴，并通过植被覆盖度等 6 项指标评估生态改善成效，首次构建了"补偿对象　标准—激励"三位一体的草原补偿体系，带动试点区草原退化率下降 18%、120 万户牧民户均年增收超千元。但政策局限显著，其中草畜平衡补贴仅覆盖直接减畜损失，未包含牧民放弃矿产开发、碳汇等隐性生态价值，暴露出"重补贴、轻可持续"的短板，为 2016 年政策提标和引入生态管护员岗位提供了改革参照。

（三）流域生态补偿

与国外研究相比，我国在流域生态补偿领域的研究相对较晚。研究初期主要是对欧美国家流域治理经验进行的分析总结与借鉴。20 世纪以来，从流域管理角度出发，为探讨中国国情、具有中国特色的跨地区流域生态补偿方法，国内在央行的部署与领导下已经开始建立部分流域生态补偿的实施试点。2015 年，《生态文明体制改革总体方案》提出了一种基于多元的补偿机制，提出了推动横向生态补偿的方法，并以地方补偿为主，以中央财政为依据。2020年，我国提出了一个基于各省级行政区内流域上下游的横向生态补偿体系，并于2025年进一步拓展流域上下游横向生态补偿的试点范围，从而促进跨流域上下游横向生态补偿。不同类型的流域，因其跨多个行政区域而产生各种复杂情况，采用了基于自身自然禀赋条件、区域经济发展状况、未来发展方向等不同的补偿方式，包括三种治理模式在内的补偿模式，即纵向科层型、市场交易型和网络治理型，在实践中取得了较大的成功。

政府引导下的生态补偿模式，也就是纵向的科层流域治理模式，从上到下的层次体系，由行政最高层次、组织最基层，层层递进，下达行政命令。把流域分散的行政权力集中起来，通过强制的行政命令，建立一个能够调配水资源、协调各方面利益、实现流域发展可持续目标的最高层管理机构，这是实现科层型治理的首要前提（王树义，2000）。辽河流域于2010年建立了一个与4市14县有关部门有关的流域保护区域管理系统。这个机构是辽宁省政府将环保、水利、农业等部门的各项职能整合在一起，并将此部门的工作与职能进行整合，具体分工包括：流域干流流经区域，实行省、市、县三级管理制度，均设立了与管理部门对口的事业单位。首先，流域管理局建立了各支流水质监控点，明确了各地各单位在补偿中需要承担的责任，统一指挥、统筹安排、协调各方力量、统筹管控，对各支流进行水质监测。其次，实施了分区域之间的生态治理政策。因保护流域受到损失、化解生态治理与发展冲突和矛盾的农户经核实登记后，台安县通过数万亩耕地进行生态修复，使地方农户的收入受到一定的影响，但也对其进行相应的经济补偿。最后，辽宁省开展了地方制度创新，进一步保障补偿工作的顺利进行。通过《辽宁省辽河流域水污染防治条例》，对辽河流域治污、生态发展等方面的目标工作进行了细致的界定，明确了各地区和部门的工作职责，并制定了各断面水质考核方法，明确了各断面水质缴纳、使用目标、补偿经费等方面的规定。

在跨地区流域生态补偿中，以市场价格机制为依托，以交易方式实现经济补偿，是市场交易管理方式。金华江流域的上游是东阳市，水资源相对丰富，下游是义乌市，其水资源相对匮乏，如生活用水、工业用水等。随着市场机制的引入，水权交易市场也在金华江流域成立，谈判价格机制也被纳入。产权明晰是交易的先决条件。在供求两方面，金华江流域各个区域的供求关系下，以水资源为基础的交易，对水权的初始分布与定义没有异议。随着人口的增长，人们的生存用水需求不断提高，工业、农业的发展用水和义乌获得水资源的需求不断扩大，义乌面临着更严重的水资源短缺问题。就东阳市而言，水资源相对丰富，供应量较多，生产生活用水也有一些剩余。因此，这为两地的水权交易创造了动力。通过对水资源的合理分配，水资源得到帕累托改进，可以帮助双方实现互利共赢。东阳市、义乌市通过多次重复协商，最后决定义乌一次性出资 2 亿元购买东阳每年 4999.9 万立方米的水资源使用权。该收费标准为期 10 年，期满后两市再磋商。2021 年河南省和山东省签订的黄河流域水质对赌协议也是类似的磋商。

三　对构建中国肉牛养殖废弃物资源化生态补偿机制的启示

通过对发达国家以及发展中国家和地区农业生态补偿经验的总结，我们不难发现，成功的农业生态补偿具备一些共同的特质。由于存在社会体制、经济水平、居民素质等多方面差异，吸取这些成功经验需要结合本国社会发展的实际，更要适应肉牛养殖及其废弃物资源化的现实特点。

第一，健全严密的相关法律体系是生态补偿机制成功运行的前提。无论是发达国家还是发展中国家及地区的农业生态补偿尝试，都具备强有力的相关法律背景。日本是公认的农业生产环境保护法治建设最为健全严密的国家之一，自 1999 年《粮食·农业·农村基本法》的颁布确定了环境保全型农业发展方向开始，农业环境保护法治建设不断推进和完善，构建了由总法和各种专项法规组成的环境法律网络，基本涵盖农业生态环境保护的各个相关领域，同时健全了法律实施配套制度、规则和标准。欧盟和美国在各自的农业法中不仅分别集中阐述了农业生态补偿的法律地位与规范，并在法律准绳下实施农业生态补偿相关资金配置，同时配备农业生态补偿政策实施后的评估监管体系。特别是美国的农业法案将农业环保计划下的项目授权农业部相关部门直属管理，注重农业生态补偿环境效益的评估，虽然对补偿支付的获得难度加码，但有效提升了生态补偿项目的环境效益。

第二，在机制构建和政策设计时，同时注重正向激励和法治监管，其中发达国家和地区尤为重视正向激励。以美国和欧盟为例，其农业从业者受教育程度高，综合素质水平明显优于发展中国家及地区，因此监管要求多以合规机制的形式存在，如欧盟共同农业政策（CAP）中最基础的农业生态补偿政策工具是强制的交叉合规，具有法律强制性，体现农民的环境义务基准，也是农业的从业门槛，且没有补贴等补偿措施的支持。美国也同样更为重视正向激励，其农业保护计划中的合规要求规定，遵循环境监管是获取生态补偿支付的前提。

第三，丰富参与主体及其参与途径，推动生态补偿多元化发展。生态补偿多元化是当今各国家和地区生态补偿环境治理的发展方向，弥补了单一的"庇古制"或"科斯制"的补偿制度所存在的缺陷。多元化生态补偿既是参与主体与途径的多元化，也是补偿方式的多元化。参与主体的多元化，不仅可以充分发挥各主体在生态补偿实践中的激励作用，扩充补偿资金，同时多主体共治也天然是相关生态补偿项目实施效果的监督者，能够有效提升生态补偿项目的实施效果及物资的利用效率。补偿方式的多元化结合了直接财政转移支付、实物和技术补偿、教育援助等，从多方面推进生态补偿项目的顺利开展。灵活多元是欧盟和美国农业生态补偿政策的鲜明特征，在中央政府、地方政府及相关行政机构的统筹下，吸引了不同社会主体参与其中，既有追求经济利益的市场主体，也有关注社会环境公共效益的社会组织及个人。除了强制性的基准环境义务，环境服务的提供者可以获得多种补偿，充分调动生态补偿参与者的积极性。

第四，多部门协调，注重项目成本有效性的提升。美欧日等国家和地区的农业生态补偿的权责并不集中于生态环境部或农业部等单一部门，而是由多部门协调协作。美国休耕项目是在农业部自然资源保护局管理下，获得环保署、农业经济研究服务部门和农业相关研究所等多部门、辅助机构的支持。在多部门协作下，政府部门可以掌握更为全面的信息，有助于降低交易成本，更合理地分配补偿资金、提升生态补偿的成本有效性，以最低的行政成本达到相同的环境收益，减轻因过度补偿带来的财政负担，或解决因"低补偿"而降低生态服务提供者积极性的问题。

第五，重视生态补偿项目的科学设计。作为生态保护的一种制度安排，农业生态补偿机制设计的科学与否至关重要。欧美国家生态补偿实践的成功离不开对各自生态补偿项目的优化设计，并且这些科学的制度设计不仅涵盖项目运行机制，同时重视项目执行的监督、评估与纠错。美国在实施 CRP 过程中，配套设计了相关环境效益指标体系，用以评估补偿计划和实践情况的差异并不断优化。欧盟针对农业生态项目制定了纠错制裁制度，严格考核生态服务提供者的阶段性成果是否达到预期，若未完成预期目标则予以相应的惩罚。

第二节　中国肉牛养殖废弃物资源化生态补偿机制的基本思路与框架

一　基本思路

中国最早的农业生态补偿政策，即退耕还林工程已运行近 25 年，取得了一定的成效，但总的来说，中国农业生态补偿的发展仍然处于起步阶段，仅有退耕还林还草等森林、草原保护和以流域保护为主的水资源生态补偿项目发展初具形态、较为完善，直接指导农业生产实践特别是与农业面源污染治理相关的生态补偿机制仍停留在初步构想的阶段。结合中国现行农业生态补偿相关政策、实施效果与存在的问题，基于前文的研究结论，构建以肉牛养殖废弃物资源化利用为核心内容的生态补偿机制，不仅是破解中国肉牛养殖废弃物资源化利用困境的有效路径，也是对中国农业生态补偿政策的补充与完善。

本书认为，肉牛养殖废弃物资源化利用不仅是自身绿色转型的发展需要，资源化产品还可以辐射带动种植业和其他养殖业向生态友好型农业发展。因此，构建中国肉牛养殖废弃物资源化利用生态补偿机制应当以实现肉牛养殖业乃至整个农业生产的可持续发展为主要战略目标，通过机制构建与完善，实现肉牛养殖业"发展"与"保护"相协调、"效率"与"公平"相促进，促进生态效应与经济效应的良性循环与转化。具体来说，要构建以健全的相关法律法规为基准，规范肉牛养殖废弃物资源化利用利益相关者的行为；明确相关主体的权、责、利，通过多元化补偿形式和手段，培养利益相关者的生态意识，实现生态行为的私人成本弥补的可持续性，促进实现生态成本共担、生态效益共享。

肉牛养殖废弃物资源化利用生态补偿机制构建的目标设定要结合产业发展和社会发展的实际，区分近期目标和远期目标。从近期目标来看，中国肉牛养殖业以散养为主的局面在短时间内难以改变，在生态补偿机制的构建和实施中，政府的主导作用不可或缺；在补偿方式的选择上，要结合资金补偿、实物补偿、智力补偿。从中长期目标来看，肉牛生产格局逐步优化，生产者和受益者的生态意识不断增强，生产者自觉采用生态环保型生产技术与方式，受益者通过环境付费方式购买生态服务，政府辅以政策优惠和智力补偿，逐步形成生产者自我补偿和生态环境市场补偿为主、政府监管和引导为辅的生态补偿机制。

二 基本框架

肉牛养殖废弃物资源化生态补偿，是支持和推动肉牛养殖绿色、可持续发展的政策手段。它以经济补偿为核心，兼具行政、法律手段和市场措施，是给予在肉牛养殖废弃物处理过程中减少环境外溢成本或增加环境外溢效益的资源化行为合理补偿的一种制度安排，旨在通过肉牛养殖废弃物资源化生态补偿机制的建立，促进中国肉牛养殖业绿色发展转型升级。

本书认为，中国肉牛养殖以非规模化农户为主体的现实情况将长期存在，由政府单一主体进行养殖废弃物资源化补偿将面临财政负担沉重、补偿效率低下、难以可持续推进的困境，探索建立政府主导下的、社会公众参与的多元化肉牛养殖废弃物资源化生态补偿机制将是一种有益的尝试，为中国农业生态补偿发展提供了新的思路。

机制设计理论认为，一般情况下，基于给定经济或社会发展目标的机制设计，关键在于机制的运行能否使经济活动及社会发展参与者的个人利益与既定设计目标相一致，其中信息效率和激励相容问题的处理至关重要。信息效率的提高能有效降低机制运行的成本，激励相容则要求机制设计能够尽可能真实反映参与者个人的信息，最大限度地满足参与者的私人目标，最终实现机制设计目标。

因此，合理、健全的肉牛养殖废弃物资源化生态补偿机制要坚持以公平性、消费者和养殖户共同参与、需求与现实相结合、政府引导与市场取向相适应为基本原则，综合运用法律、经济、技术和行政手段，优化利益相关者之间的利益分配机制，以多样化补偿促进中国肉牛养殖废弃物资源化转型升级。

（一）补偿的利益相关者

要解决生态补偿机制构建问题，首先应对补偿的主体和客体或对象进行界定，即解决"谁补偿谁"的问题，这是肉牛养殖废弃物资源化生态补偿能够顺利实施的前提条件。养殖废弃物不合理处置所造成的生态环境污染与破坏是典型的外部不经济问题，与此相反，养殖废弃物资源化则是外部经济的体现。在坚持"谁污染、谁治理""谁受益、谁补偿"的原则下，确立肉牛养殖废弃物资源化生态补偿利益相关者之间的支付与受偿关系。

根据"谁污染、谁治理"的原则，肉牛养殖户的养殖生产活动产生废弃物，产生了环境负外部性，将负外部性内部化需要付出私人成本。当肉牛养殖户选择参与养殖废弃物资源化时，不仅治理了污染，更创造了环境正外部性。因此，本书认为，对于参与肉牛养殖废弃物资源化的养殖户来说，他们付出的人力、财力、物力成本可以视为对肉牛养殖废弃物带来污染的一种补偿，但是其在养殖废弃物资源化中创造的生态价值也应得到共享者的补偿。

根据"谁受益、谁补偿"的原则，肉牛养殖废弃物资源化生态补偿主体是指废弃物资源化受益者，主要包括社会公众和政府。但是，在现有条件下难以将全部受益公众都界定为补偿主体。因此，应按照可操作性原则选择补偿主体。综观农业废弃物资源化全部利益相关者，政府和以消费者为代表的公众是补偿主体的选择。政府作为公民利益的代表，生态环境保护与治理是其公共事务管理的重要内容，政府通过一般性财政转移支付的形式支持农业废弃物资源化工作，相当于全部受益者通过政府这一媒介间接完成了付费。另外，作为公众代表的肉牛消费者，创造了牛肉消费需求，推动了肉牛养殖业快速发展，在享受丰富牛肉制品的同时，理应承担肉牛养殖带来的生态环境治理相关的责任，与政府、肉牛养殖户共同分担治理成本。

综上所述，本章构建的肉牛养殖废弃物资源化生态补偿机制的补偿主体以政府为主导，肉牛消费者积极参与；补偿客体为参与肉牛养殖废弃物资源化的肉牛养殖户，即肉牛养殖户在资源化过程中付出的成本由三方共担、产生的生态效益由三方共享，由传统自上而下为主的单一补偿模式转向多元化参与的补偿模式。

（二）补偿标准

由于现阶段中国生态补偿仍处于尝试阶段，农业废弃物方面的生态补偿没有明确方案，为了保证肉牛养殖废弃物资源化生态补偿具有长期有效性和可持续性的可能，需要提高行政效率、降低经济成本，本书将肉牛养殖户受偿意愿（WTA）作为生态补偿标准的上限，结合参与生态社会共治的消费者支付意愿，参考政府财政承受能力，制定生态补偿标准。

对于不同地区的肉牛养殖废弃物资源化利用的不同方案，参考养殖户的不同受偿意愿，应采取差别补偿。参考第七章中国肉牛养殖废弃物资源化生态补偿标准测算结果，东北、西北、中部和西南4个地区的肉牛养殖户对于规范堆肥还田均偏好显著，受偿意愿分别为1094.1元/（户·年）、1051.4元/（户·年）、805.2元/（户·年）和1066.2元/（户·年）；中部地区和西南地区对于户用沼气和经济动植物生产具有受偿偏好，其中中部地区养殖户对两种废弃物资源化方案的受偿意愿分别为854.7元/（户·年）和753.3元/（户·年）。

大部分肉牛消费者能够意识到肉牛养殖废弃物的环境危害，并且有为环境付费的意愿。肉牛养殖废弃物资源化利用生态补偿机制的构建，应充分考虑消费者的参与积极性，让消费者参与到肉牛养殖废弃物资源化利用和生态文明建设中。在制定消费者为环境付费的补偿标准时，参考选择实验的偏好测定：肉牛消费者对于中国肉牛养殖废弃物资源化各方案均具有支付意愿，将实行规范堆肥还田、户用沼气、经济动植物生产和垫料回用模式的补偿意愿折算到牛肉价格中，每千克分别愿意额外支付 2.25 元、2.27 元、1.79 元、1.77 元，用于肉牛养殖废弃物资源化利用生态补偿。

（三）补偿方式与内容

生态补偿方式不仅包括资金补偿，还包括实物补偿、政策补偿、智力补偿等多种形式。

由于农业弱质性限制，现阶段肉牛养殖废弃物资源化生态补偿仍应在政府主导框架下引导多元主体参与，实现多种补偿方式并行。资金补偿是最为直接和常用的补偿方式，也是激励作用最为显著的补偿方式，但是在缺乏相关资金使用的监督和评估机制时，资金补偿不一定是生态补偿效率最佳的方式，特别是在事前补偿的情况下。由第七章可知，肉牛养殖户对于养殖废弃物资源化的技术支持有显著偏好，在为肉牛养殖户开展肉牛养殖废弃物资源化利用相关技术服务、技能培训等智力补偿，满足养殖户偏好的同时，对于提高肉牛养殖废弃物资源化利用水平至关重要。除此之外，补偿时要兼顾不同肉牛养殖户的差异性，物质、劳动力、土地等生产生活要素的实物补偿和以减免税收、优先发展权为主要形式的政策补偿也是生态补偿的主要内容，以实现补偿的精准性。

政府仍是现阶段中国各领域生态补偿政策的制定、实施和监管主体，中央及地方各级政府以财政转移支付为主要手段，支持生态环境建设。对于肉牛养殖废弃物资源化利用的生态补偿，可以借鉴国际生态补偿经验，由政府设立专项肉牛养殖废弃物资源化消费者补偿基金，不仅可以吸纳包括消费者在内的公众环境支付资金，避免财政投入局限性，缓解财政支出压力，也为产业政策与基础设施建设注入新的活力。国外生态补偿基金设立按照不同形式可以分为捐赠基金、偿债基金、周转型基金三类，可以将肉牛养殖废弃物资源化生态补偿专项基金细化为不同的类型，比如按照资金在资源化利用中的具体用途划分为资源化利用设施基金、资源化利用农机具基金、沼气工程基金、商品有机肥工程基金等。发展肉牛养殖废弃物资源化利用生态旅游、建立生态牛肉产品认证体系，通过拓展产业链生态环节、增加产品附加值，间接实现补偿目的，探索增强生态产品供给者自我发展能力的综合生态补偿模式。

第三节　中国肉牛养殖废弃物资源化利用生态补偿机制的路径优化

一　路径优化的制度措施

（一）政策法规的健全与完善

健全严密的相关法律体系是生态补偿机制成功运行的前提。无论是发达国家还是发展中国家及地区的农业生态补偿尝试，都具备强有力的相关法律背景。国家应加快制定专门针对肉牛养殖废弃物资源化及其生态补偿的法律法规，使肉牛养殖废弃物污染防控有法可依，利益相关者的"权责利"分配有章可循。地方政府在秉承中央政策法规要求与精神下，结合区域发展特点与目标，加快包括肉牛养殖废弃物在内的农业生态环境治理与补偿的立法进程，努力将肉牛养殖废弃物资源化纳入法治轨道。在行政执法方面，应设立专门的肉牛养殖废弃物资源化及其生态补偿管理的执法部门，针对肉牛养殖废弃物资源化所呈现的特点，健全行政管理制度。

（二）监督管理体制的构建

促进肉牛养殖废弃物资源化利用生态补偿机制从行动导向到绩效导向的转变，加强对生态补偿政策的监督管理。良好的监督管理机制是肉牛养殖废弃物资源化生态补偿得以有效实施的关键，贯穿生态补偿工作的各个环节。国家有关部门应该建立肉牛养殖废弃物资源化监督机构，对肉牛养殖户的资源化行为进行实时监管，确保补偿资金配置的合理性和有效性，同时鼓励当地居民参与到肉牛养殖废弃物资源化的监督工作中，以社会舆论监督的压力，提升生态补偿的机制运行效率。

　　同时，建立考核制度，将肉牛养殖废弃物资源化及其生态补偿的阶段性目标纳入各级政府的年度计划，并实行分级考核，从管理层面保障环境有价、损害担责。加强对各级相关部门的业务指导与考核，明确肉牛养殖废弃物污染损害调查与修复方案编制。

二　路径优化的金融措施

　　解决环境问题面临的最大瓶颈之一是资金来源问题，肉牛养殖废弃物资源化利用技术的升级、资源化产品的开发和推广，都离不开源源不断的资金支持，建立并完善肉牛养殖废弃物资源化生态补偿机制需要拓宽补偿资金的投融资渠道。引导和鼓励外资、民营企业、私人资本投入肉牛养殖废弃物资源化。

　　借鉴发达国家"生态银行"的成功经验，可以在现有的政策性银行中开设"生态建设项目部"，下设"肉牛养殖废弃物资源化工作小组"，指导生态环境维护投融资建设相关项目的运行，助力资金融通；也可成立股份制"生态银行"，允许包括企业、个人在内的多主体参股，按照市场化机制为有盈利潜力的肉牛养殖废弃物资源化项目提供融资，在拓展资金来源的同时，提高资金的使用效率。

三　路径优化的科技文化措施

　　首先，强化人力资本保障。中国农村地区居民受教育程度较低，应当将农村人力资源培训、人才引进与培养作为肉牛养殖废弃物资源化利用技术补偿的重要内容与发展方向。开办相关专题培训班，定期培训养殖户、村干部、管理人员，提高责任主体的基本素质与环保意识。

　　其次，通过成立跨部门、跨学科的专项肉牛养殖废弃物资源化利用研究小组，以促进肉牛养殖废弃物资源化利用技术不断改进。通过实地考察，与不同地区种植户、养殖户积极开展沟通交流，使肉牛养殖废弃物资源化利用技术更贴合农户需求。因地制宜地推广肉牛养殖废弃物资源化利用技术模式，并进行科学示范与指导，确保肉牛养殖废弃物资源化利用技术的规范性，提高资源化利用效率，保障生态安全。

最后，加大对肉牛养殖废弃物资源化生态补偿的宣传力度，增强社会公众生态维权和生态付费的意识，一方面对从事肉牛养殖生产的养殖户形成强有力的社会监督，另一方面拓宽生态补偿资金的来源，为肉牛养殖废弃物资源化的市场化发展奠定社会基础。

｜第九章｜
研究结论与展望

第一节 研究结论

本书聚焦中国畜禽养殖废弃物资源化现实困境，构建"价值核算—利益博弈—补偿机制"的逻辑框架，在整合相关资料和大规模实地调研基础上，以肉牛养殖为例，核算了养殖废弃物不同利用途径下的资源化潜力；采用博弈分析方法，解构畜禽养殖废弃物资源化"市场失灵"和"政府失灵"的原因；通过选择实验法，运用离散选择模型，从社会共治视角分别测算肉牛养殖户和肉牛消费者参与肉牛养殖废弃物资源化利用的受偿意愿和支付意愿，探索将公众参与纳入政府主导下的农业生态补偿路径之中，促进政府—养殖户—消费者生态成本共担、生态效益共享的利益机制的形成，在此基础上构建并优化畜禽养殖废弃物资源化利用的生态补偿机制。依据上述逻辑主线和研究安排，得到了以下主要结论。

第一，量化了不同资源化途径下的中国肉牛养殖废弃物生态价值。中国肉牛养殖废弃物实物量多，资源化利用技术与模式多样且成熟，资源化价值实现存在很大潜力。按照养殖环节，肉牛养殖废弃物资源化可划分为源头减量模式（初始环节）、清洁回用模式（养殖过程中、末端）、种养结合模式（末端环节）和达标排放模式（末端环节），不同资源化利用模式下可组合不同生态技术。按照产污系数法核算，2020 年中国肉牛养殖废弃物中全氮、全磷养分含量分别为 311.84 万吨和 37.37 万吨，可以分别满足中国农用化肥中氮肥和磷肥施用量的 17% 和 5.72%；能源化路径下，8% 和 16% 含水量水平下的肉牛粪便可提供 3013.06 万吨和 6026.16 万吨生物质燃料原料，肉牛养殖粪便和尿液沼气生产潜力分别达 20.33 亿立方米和 259 万立方米；科学的肉牛养殖废弃物管理具有 89.62 万吨的 CH_4 减排潜力；在垫料回用技术指导下，含水量 40% 的肉牛养殖废弃物可以提供肉牛牛床垫料原料 29314.5 万吨。

第二，中国非规模化肉牛养殖户无法采用成熟的废弃物资源化利用技术，严重制约肉牛产业绿色转型升级。在相关法规和政策文件的规制下，规模化肉牛养殖场基本实现了较为规范的肉牛养殖废弃物资源化利用，但是中国肉牛养殖主体仍是非规模化的散养户，肉牛养殖规模化水平较低，大部分从业主体无法实现养殖废弃物资源化规模经济，且散养户具有小农户的天然弱质性，难以承受肉牛养殖废弃物资源化生态技术措施及工程的成本。在没有第三方服务综合利用的情况下，尽管已有多种成熟的养殖废弃物资源化利用技术，却难以真正推广至非规模化养殖户，造成了肉牛养殖废弃物资源化水平明显低于其他畜种，严重制约肉牛养殖乃至整个肉牛产业的绿色转型升级，不仅给生态环保带来压力，也是生态资源的严重浪费。

第三，政府—肉牛养殖户—肉牛消费者共同参与的社会共治模式能够实现中国肉牛养殖废弃物资源化利用的帕累托最优。运用博弈分析法，从理论上破解肉牛养殖废弃物资源化利用的现实困境。中国肉牛养殖废弃物资源化存在很大潜力，资源化价值却难以实现，其根本原因在于肉牛养殖废弃物资源化对于具有明显弱质性的非规模化养殖户来说成本负担较大，资源化获得的私人生态效益难以弥补其资源化成本带来的经济损失，不能激励其积极参与。然而，肉牛养殖废弃物资源化在提供资源化产品的同时，也为社会供给了具有公共物品属性的良好生态环境，资源化行为带来的社会收益明显大于社会成本。肉牛养殖户是养殖废弃物资源化的直接行为主体，却不是废弃物资源化的唯一利益相关者。肉牛消费者既创造了消费需求，也是肉牛养殖废弃物资源化所创造生态价值的无偿享受者。政府部门是公共事务的管理者，负有提供生态公共产品的责任和义务。通过肉牛养殖废弃物资源化利用的利益相关者博弈分析表明，养殖户之间、养殖户—政府之间、养殖户—消费者之间的双方静态博弈结果都是消极的，即仅有两方参与的肉牛养殖废弃物资源化利用陷入"囚徒困境"；而政府—养殖户—消费者三方演化博弈分析表明，政府高强度监管、肉牛消费者监督、肉牛养殖户积极参与下的社会共治模式，是实现中国肉牛养殖废弃物资源化利用帕累托最优的有效途径。

第四，设计选择实验并测算出肉牛养殖户与肉牛消费者参与肉牛养殖废弃物资源化利用的补偿偏好，辅以政府财政转移支付，可满足非规模化肉牛养殖废弃物资源化利用生态补偿制度安排的资金需求。基于选择实验的肉牛养殖废弃物资源化偏好测度表明，东北、西北、中部和西南4个地区的肉牛养殖户对于养殖废弃物资源化利用方式的偏好存在一定差异，对于生态环境的改善以及技术培训的需求偏好显著，并以此核算了不同地区肉牛养殖户对于不同方案最优生态效益的受偿意愿：4个地区肉牛养殖户对于规范堆肥还田均偏好显著，受偿意愿分别为 1094.1 元/（户·年）、1051.4 元/（户·年）、805.2 元/（户·年）和 1066.2 元/（户·年）；中部地区和西南地区对于户用沼气和经济动植物生产具有受偿偏好，其中，中部地区养殖户对两种废弃物资源化方案的受偿意愿分别为 854.7 元/（户·年）和 753.3 元/（户·年），西南地区受偿意愿分别为 1229.7 元/（户·年）和 970.5 元/（户·年）；东北地区和西北地区对于垫料回用的受偿意愿分别为 1238.4 元/（户·年）和 1028.1 元/（户·年）。同时，采取同样的方法测度肉牛消费者对于肉牛养殖废弃物不同资源化方案的偏好与支付意愿：消费者环境支付意愿与年龄成反比，越是年轻越能接受生态补偿和社会共治思想；受教育水平交互项、家庭年收入交互项则显著为负，受教育水平越高、环保意识越强，家庭年收入越高、环保支付能力越强，对于消费者参与养殖废弃物资源化共治都具有正向影响；购买牛肉时，对于规范堆肥还田、户用沼气、经济动植物生产和垫料回用4种模式的生态支付意愿分别为 2.25 元/kg、2.27 元/kg、1.79 元/kg 和 1.77 元/kg。基于以上偏好测量结果，以规范堆肥还田为例，在中国现有肉牛消费水平下，可以吸纳 73.07 亿元的社会资金进行肉牛养殖废弃物资源化生态补偿安排；结合肉牛养殖户的受偿意愿，规范堆肥还田模式下的生态补偿资金需求为 75.12 亿元，在政府财政转移支付的支持下（2.05 亿元），基本可以满足非规模化肉牛养殖废弃物资源化利用生态补偿制度安排的资金需要。

第五，借鉴国内外生态补偿实践经验，构建中国肉牛养殖废弃物资源化利用生态补偿机制。为了保障肉牛养殖废弃物资源化生态补偿政策的顺利运行，搭建社会共治视角下肉牛养殖废弃物资源化生态补偿机制的基本框架，提出机制路径优化的保障措施。

第二节　研究不足与展望

本书通过选择实验法获取肉牛养殖户在养殖废弃物资源化中对资源化方案属性的偏好，计算边际支付意愿和最优生态方案下的补偿剩余，充分考虑了肉牛养殖废弃物资源化行为主体的受偿意愿，在补偿机制实施的初期可以充分调动肉牛养殖户资源化行为的积极性。肉牛养殖废弃物资源化过程中环节众多、技术模式多样且组合使用情况大量存在，相关成本收益核算复杂，难度较高，这是日后研究需要关注的重点，为制定更为科学合理的补偿标准提供了依据。另外，核算肉牛养殖废弃物资源化生态补偿的消费者支付意愿的后续工作应当包含这部分资金的收储、分配机制，这是日后研究需要深入的部分。

参考文献

白华艳，2015，《发达国家生猪规模化养殖的粪污处理经验》，《东华理工大学学报》（社会科学版）第 3 期。

包维卿、刘继军、安捷等，2018，《中国畜禽粪便资源量评估相关参数取值商榷》，《农业工程学报》第 24 期。

鲍雨晴，2020，《呼和浩特地区牛粪混合垫料的研究与应用》，硕士学位论文，内蒙古农业大学。

毕于运，2010，《秸秆资源评价与利用研究》，博士学位论文，中国农业科学院。

毕于运、高春雨、王亚静等，2009，《中国秸秆资源数量估算》，《农业工程学报》第 12 期。

边淑娟、黄民生、李娟等，2010，《基于能值生态足迹理论的福建省农业废弃物再利用方式评估》，《生态学报》第 10 期。

曹兵海、张越杰、李俊雅等，2021，《2021 年肉牛牦牛产业发展趋势与政策建议》，《中国畜牧杂志》第 3 期。

曹国良、张小曳、郑方成等，2006，《中国大陆秸秆露天焚烧的量的估算》，《资源科学》第 1 期。

柴铎、林梦柔，2018，《基于耕地"全价值"核算的省际横向耕地保护补偿理论与实证》，《当代经济科学》第 2 期。

昌敦虎、白雨鑫、马中，2022，《我国环境治理的主体、职能及其关系》，《暨南学报》（哲学社会科学版）第 1 期。

陈德义，1960，《高粱秸一宝多能》，《前线》第 6 期。

陈芬，2015，《三种畜禽粪便与玉米秸秆混合及 Cu、Zn 含量对其产甲烷特性的影响》，博士学位论文，山西农业大学。

陈冠南，2021，《现代西方公共产品供给的理论嬗变与实践困境研究——兼论我国公共产品的高质量供给》，博士学位论文，福建师范大学。

陈广银、曹海南、丁同刚等，2021，《基于氮磷农田利用的黄淮海地区畜禽粪尿土地承载力研究》，《生态与农村环境学报》第 6 期。

陈利洪、舒帮荣、李鑫，2019，《基于排泄系数区域差异的中国畜禽粪便沼气潜力及其影响因素评价》，《中国沼气》第 2 期。

陈铭泽、吴昊鹏、冯晨等，2022，《染疫动物尸体无害化与资源化利用研究进展》，《华中农业大学学报》第 4 期。

陈燕，2014，《大连金州新区畜禽粪便污染及产沼气潜力分析》，《辽宁农业科学》第 2 期。

楚天舒、王柄雄、孟坦等，2021，《基于农田土壤抗生素生态风险值的畜禽粪污农田承载力估算》，《中国农业大学学报》第 3 期。

崔宇明、常云昆，2007，《环境经济外部性的内部化路径比较分析》，《开发研究》第 3 期。

淡江华、冯燕平、牛晋国等，2022，《规模化育肥猪场不同季节粪污排放量及产污系数分析》，《家畜生态学报》第 5 期。

邓茜、曾建霞，2020，《农业面源污染防治机制探究》，《中国西部》第 4 期。

邓远远、郭焱、朱俊峰，2021，《政府规制下畜禽养殖废弃物处理合规行为选择》，《中国农业资源与区划》第 10 期。

丁振民、姚顺波，2019，《区域生态补偿均衡定价机制及其理论框架研究》，《中国人口·资源与环境》第 9 期。

董红敏，2019，《畜禽养殖业粪便污染监测核算方法与产排污系数手册》，科学出版社。

董红敏、李玉娥、陶秀萍等，2008，《中国农业源温室气体排放与减排技术对策》，《农业工程学报》第 10 期。

董红敏、朱志平、黄宏坤等，2011，《畜禽养殖业产污系数和排污系数计算方法》，《农业工程学报》第 1 期。

董姗姗、隋斌、赵立欣等，2020，《基于能值分析的奶牛产业园区循环发展模式评价》，《农业工程学报》第 17 期。

杜红梅、周健，2022，《生猪养殖户粪污资源化利用意愿与行为一致性研究》，《湖南农业大学学报》（社会科学版）第 2 期。

杜欢政、刘香玲、王韬，2022，《河南省农业废弃物能源化潜力与分布格局研究》，《地域研究与开发》第 2 期。

杜为研、唐杉、汪洪，2021，《蔬菜种植户对有机肥替代化肥技术支付意愿及其影响因素的研究》，《中国农业资源与区划》第 12 期。

杜焱强、刘平养、包存宽等，2016，《社会资本视阈下的农村环境治理研究——以欠发达地区 J 村养殖污染为个案》，《公共管理学报》第 4 期。

杜焱强、王亚星、陆万军，2019，《PPP 模式下农村环境治理的多元主体何以共生？——基于演化博弈视角的研究》，《华中农业大学学报》（社会科学版）第 6 期。

杜月红、陈强强、崔秀娟等，2021，《甘肃中部旱农耕作区秸秆饲料供求平衡及畜牧业发展潜力：以定西市安定区为例》，《草业科学》第 8 期。

樊杰、周侃、王亚飞，2017，《全国资源环境承载能力预警（2016 版）的基点和技术方法进展》，《地理科学进展》第 3 期。

范如芹、罗佳、高岩等，2014，《农业废弃物的基质化利用研究进展》，《江苏农业学报》第 2 期。

付强，2013，《中国畜养产污综合区划方法研究》，博士学位论文，河南大学。

高庆鹏、胡拥军，2013，《集体行动逻辑、乡土社会嵌入与农村社区公共产品供给——基于演化博弈的分析框架》，《经济问题探索》第 1 期。

高原、张越杰，2021，《中国肉牛产业集聚现状及影响因素分析》，《家畜生态学报》第 3 期。

葛书辛，2022，《养殖户对畜禽粪污资源化利用模式的选择行为分析——

基于山东省的调查研究》，硕士学位论文，山东农业大学。

耿维、胡林、崔建宇等，2013，《中国区域畜禽粪便能源潜力及总量控制研究》，《农业工程学报》第 1 期。

耿献辉、安宁、刘珍珍等，2021，《基于选择实验的畜禽养殖污染治理环境价值评估》，《中国农业资源与区划》第 6 期。

耿翔燕、葛颜祥、张化楠，2018，《基于重置成本的流域生态补偿标准研究——以小清河流域为例》，《中国人口·资源与环境》第 1 期。

顾骅珊，2009，《农业废弃物循环利用模式探讨——以浙江嘉兴为例》，《生态经济》第 1 期。

郭铁民、王永龙，2004，《福建发展循环农业的战略规划思路与模式选择》，《福建论坛》（人文社会科学版）第 11 期。

韩成吉、刘静、王国刚等，2021，《农业废弃物循环价值核算方法与案例研究》，《中国农业资源与区划》第 2 期。

韩洪云、喻永红，2014，《退耕还林生态补偿研究——成本基础、接受意愿抑或生态价值标准》，《农业经济问题》第 4 期。

韩磊，2020，《中国肉类供需形势及稳产保供对策研究》，《价格理论与实践》第 7 期。

韩鲁佳、闫巧娟、刘向阳等，2002，《中国农作物秸秆资源及其利用现状》，《农业工程学报》第 3 期。

韩喜艳、刘伟、高志峰，2020，《小农户参与农业全产业链的选择偏好及其异质性来源——基于选择实验法的分析》，《中国农村观察》第 2 期。

何可，2016，《农业废弃物资源化的价值评估及其生态补偿机制研究》，博士学位论文，华中农业大学。

何可、闫阿倩、王璇等，2020，《1996～2018 年中国农业生态补偿研究进展——基于中国知网 1582 篇文献的分析》，《干旱区资源与环境》第 4 期。

何可、张俊飚、张露等，2015，《人际信任、制度信任与农民环境治理参与意愿——以农业废弃物资源化为例》，《管理世界》第 5 期。

何秀荣，2018，《技术、制度与绿色农业》，《河北学刊》第 4 期。

何有幸、黄森慰、陈世文等，2022，《环境政策如何影响农户生活垃圾分类意愿——基于社会规范和价值认知的中介效应分析》，《世界农业》第 5 期。

胡家晴，2021，《畜禽养殖废弃物堆肥过程中重金属稳定化的研究》，硕士学位论文，中国科学院大学。

胡仪元，2010，《生态补偿的理论基础再探——生态效应的外部性视角》，《理论导刊》第 1 期。

胡溢轩、童志锋，2020，《环境协同共治模式何以可能：制度、技术与参与——以农村垃圾治理的"安吉模式"为例》，《中央民族大学学报》（哲学社会科学版）第 3 期。

胡曾曾、于法稳、赵志龙，2019，《畜禽养殖废弃物资源化利用研究进展》，《生态经济》第 8 期。

华北农业科学研究所畜牧系饲料组，1955，《玉米秸青贮的简易制法》，《农业科学通讯》第 9 期。

黄俗华、杨莉、卢一浪等，2020，《肉牛不同生态养殖模式的对比研究》，《今日畜牧兽医》第 12 期。

黄德春、宋佳、贺正齐等，2019，《澜沧江-湄公河环境利益合作网络主体治理效益评价》，《亚太经济》第 4 期。

黄敬宝，2006，《外部性理论的演进及其启示》，《生产力研究》第 7 期。

黄群慧、盛方富，2024，《新质生产力系统：要素特质、结构承载与功能取向》，《改革》第 2 期。

黄粟嘉，1993，《苏州农业废弃物资源的综合利用》，《自然资源》第 1 期。

黄锡生、陈宝山，2020，《生态保护补偿激励约束的结构优化与机制完善——基于模式差异与功能障碍的分析》，《中国人口·资源与环境》第 6 期。

黄秀蓉，2015，《海洋生态补偿的制度建构及机制设计研究》，博士学位论文，西北大学。

霍灵光、田露、张越杰，2010，《中国牛肉需求量中长期预测分析》，《中国畜牧杂志》第 2 期。

季昆森，2004，《循环经济型生态农业——谈循环经济在农业上的应用》，《安徽农学通报》第 6 期。

济生编、祖文画，1953，《高温速成堆肥把秸秆沤成粪》，《农业科学通讯》第 12 期。

贾伟、朱志平、陈永杏等，2017，《典型种养结合奶牛场粪便养分管理模式》，《农业工程学报》第 12 期。

姜海、白璐、雷昊等，2016，《基于效果-效率-适应性的养殖废弃物资源化利用管理模式评价框架构建及初步应用》，《长江流域资源与环境》第 10 期。

姜进章、文祥，1999，《人力资本作用机制及其政策》，《学术月刊》第 12 期。

姜文凤、张传义，2020，《农业废弃物资源化利用探究》，《农业技术与装备》第 1 期。

姜延、李思达、马秀兰等，2022，《东北黑土区农业废弃物资源化利用研究进展》，《吉林农业大学学报》第 6 期。

蒋磊，2016，《农户对秸秆的资源化利用行为及其优化策略研究》，博士学位论文，华中农业大学。

金书秦、宋国君、郭美瑜，2010，《重评外部性：基于环境保护的视角》，《理论学刊》第 8 期。

靳乐山、楚宗岭、邹苍改，2019，《不同类型生态补偿在山水林田湖草生态保护与修复中的作用》，《生态学报》第 23 期。

孔凡斌、张维平、潘丹，2018，《农户畜禽养殖污染无害化处理意愿与行为一致性分析——以 5 省 754 户生猪养殖户为例》，《现代经济探讨》第 4 期。

孔繁斌，2008，《民主治理中的集体行动——一个组织行为学议题及其解释》，《江苏行政学院学报》第 6 期。

孔伟、卢旺银、刘光武等，2018，《牛粪压制生物质燃料块试验》，《中国畜禽种业》第 9 期。

赖若冰，2021，《固始县畜禽粪污资源化利用的途径及对策研究》，硕士学位论文，河南农业大学。

蓝虹，2004，《外部性问题、产权明晰与环境保护》，《经济问题》第 2 期。

雷硕，2020，《林下经济发展中的农户生态行为动因及激励研究》，博士学位论文，北京林业大学。

李丹阳、亓传仁、卫亚楠等，2021，《中国北方地区羊养殖业产污系数测算》，《农业工程学报》第 6 期。

李丹阳、孙少泽、马若男等，2019，《山西省畜禽粪污年产生量估算及环境效应》，《农业资源与环境学报》第 4 期。

李福夺、任静、尹昌斌，2020，《资本禀赋、价值认知与农户绿肥养地采纳行为——基于南方稻区农户调查数据及生态补偿政策的调节效应》，《农林经济管理学报》第 4 期。

李国华，2015，《架子牛和繁殖母牛的饲养管理》，《中国畜禽种业》第 12 期。

李国平、刘生胜，2018，《中国生态补偿 40 年：政策演进与理论逻辑》，《西安交通大学学报》（社会科学版）第 6 期。

李国平、石涵予，2015，《退耕还林生态补偿标准、农户行为选择及损益》，《中国人口·资源与环境》第 5 期。

李国志，2018，《农户秸秆还田的受偿意愿及影响因素研究——基于黑龙江省 806 个农户调研数据》，《干旱区资源与环境》第 6 期。

李海燕、蔡银莺、王亚运，2016，《农户家庭耕地利用的功能异质性及个体差异评价——以湖北省典型地区为实例》，《自然资源学报》第 2 期。

李华，2016，《完善西藏森林生态效益补偿体系建设研究》，博士学位论文，东北林业大学。

李纪周，2011，《天津市规模化畜禽养殖场粪污治理及资源化利用调查研究》，硕士学位论文，中国农业科学院。

李姣、李朗、李科，2022，《隐含水污染视角下的中国省际农业生态补偿标准研究》，《农业经济问题》第 6 期。

李金祥，2018，《畜禽养殖废弃物处理及资源化利用模式创新研究》，《农产品质量与安全》第 1 期。

李靖、邢向欣、裴海林等，2022，《干清牛粪半干式沼气发酵工艺研究》，
　　《中国沼气》第 4 期。

李茂雅、陈玉连、成启明等，2022，《酒糟饲料化利用的研究进展》，《中
　　国饲料》第 15 期。

李梦梦，2021，《西藏农户参与农村畜禽粪污治理行为及影响因素研究》，
　　硕士学位论文，西藏农牧学院。

李潘潘，2021，《白星花金龟对畜禽粪污转化能力的研究》，硕士学位论
　　文，山东农业大学。

李潘潘、李焕、王通，2022，《郓城县畜禽粪污资源量调查研究》，《中国
　　畜牧业》第 14 期。

李鹏，2021，《日本农业废弃物循环利用及产业发展对中国的经验与启
　　示》，《中国市场》第 2 期。

李鹏、张俊飚，2016，《农林废弃物基质化产业联动模式：运行绩效、空
　　间异质性及区域协同演化》，《中国农业资源与区划》第 12 期。

李晓平，2019，《耕地面源污染治理：福利分析与补偿设计》，博士学位论
　　文，西北农林科技大学。

李新莉，2022，《规模经营情景下湖北省农户的粮食作物秸秆资源化利用
　　行为及影响因素研究》，硕士学位论文，信阳师范学院。

李秀金、董仁杰，2002，《粪草堆肥特性的试验研究》，《中国农业大学学
　　报》第 2 期。

李雪航，2020，《我国生物质能源产业持续发展研究》，硕士学位论文，吉
　　林大学。

李艳华、罗杰、胡佳等，2021，《猪粪、牛粪搭配平菇废菌渣饲喂蚯蚓效
　　果的研究》，《生物学杂志》第 4 期。

李一，2019，《我国主要耕作区秸秆养分资源现状及其还田利用的问题、
　　对策研究》，硕士学位论文，沈阳农业大学。

李颖、葛颜祥、刘爱华等，2014，《基于粮食作物碳汇功能的农业生态补
　　偿机制研究》，《农业经济问题》第 10 期。

李玉娥、董红敏、万运帆等，2009，《规模化养鸡场 CDM 项目减排及经济效益估算》，《农业工程学报》第 1 期。

梁流涛、高攀、刘琳轲，2019，《区际农业生态补偿标准及"两横"财政跨区域转移机制——以虚拟耕地为载体》，《生态学报》第 24 期。

梁甜甜，2018，《多元环境治理体系中政府和企业的主体定位及其功能——以利益均衡为视角》，《当代法学》第 5 期。

廖青、韦广泼、江泽普等，2013，《畜禽粪便资源化利用研究进展》，《南方农业学报》第 2 期。

刘昌，2020，《农田土壤重金属污染修复项目区农户环境行为研究》，硕士学位论文，山东科技大学。

刘晨阳、马广旭、刘春等，2021，《畜禽粪便资源化处理及成本收益分析——以 6 省（区）251 户肉鸡养殖场户为例》，《世界农业》第 2 期。

刘成，2019，《施用生物质炭对作物产量和农田温室气体排放影响研究》，硕士学位论文，南京农业大学。

刘春腊、刘卫东、陆大道，2013，《1987-2012 年中国生态补偿研究进展及趋势》，《地理科学进展》第 12 期。

刘春丽、刘绍雄、李建英等，2018，《新疆蘑菇栽培培养料配方筛选》，《中国食用菌》第 3 期。

刘桂环、工夏晖、文一惠等，2021，《近 20 年我国生态补偿研究进展与实践模式》，《中国环境管理》第 5 期。

刘瀚扬、陈亚迎、朱佳文等，2020，《成都麻羊产排污系数的测定研究》，《家畜生态学报》第 9 期。

刘霁瑶、倪琪、姚柳杨等，2021，《农药包装废弃物回收差别化补偿标准测算——基于陕西省 1060 个果蔬种植户的分析》，《中国农村经济》第 6 期。

刘利花、李全新，2018，《基于耕地非市场价值和机会成本的耕地保护补偿标准研究——以江苏省为例》，《当代经济管理》第 6 期。

刘梅、王咏红、高瑛等，2008，《我国农业发展生态环境问题及对策研究》，《山东社会科学》第 10 期。

刘沙沙、李兵、韩亚，2018，《国外几种典型畜禽养殖废弃物处理模式浅析》，《农业技术与装备》第 2 期。

刘文卿，2005，《实验设计》，清华大学出版社。

刘玉香，2020，《龙岩市畜禽粪污资源化利用调查与分析》，硕士学位论文，福建农林大学。

刘振、周溪召，2006，《巢式 Logit 模型在交通方式选择行为中的应用》，《上海海事大学学报》第 3 期。

刘铮，2020，《肉鸡养殖户亲环境行为研究》，博士学位论文，沈阳农业大学。

柳荻、胡振通、靳乐山，2018，《美国湿地缓解银行实践与中国启示：市场创建和市场运行》，《中国土地科学》第 1 期。

龙耀，2018，《利润补差+公众诉求：生态效益补偿新探索》，《农业经济问题》第 7 期。

罗建新、燕慧、郭维，2010，《畜禽粪便资源的肥料化利用》，《作物研究》第 4 期。

罗良俊、张卫平，2011，《发酵床养殖技术在冬季犊牛培育上的应用效果初探》，《新疆畜牧业》第 11 期。

罗良文、马艳芹，2022，《"双碳"目标下环境多元共治的逻辑机制和路径优化》，《学习与探索》第 1 期。

马爱慧，2011，《耕地生态补偿及空间效益转移研究》，博士学位论文，华中农业大学。

马贤磊、金铂皓、杜焱强，2022，《规模异质性视角下农村生态资源价值实现的治理机制研究——基于多案例的比较》，《公共管理学报》第 3 期。

〔美〕西奥多·舒尔茨，2006，《改造传统农业》，梁小民译，商务印书馆。

宓春秀，2018，《江苏省生物质能源供给能力评价及影响因素研究》，硕士学位论文，南京林业大学。

倪少仁、彭兰生、黄魁，2020，《生物堆肥处理法削减有机固体废弃物中病原菌的研究进展》，《广东化工》第 13 期。

牛江波、刘爱秋、杜晨露等，2022，《基于感知价值理论的养殖者废弃物资源化利用行为研究》，《当代畜牧》第 1 期。

牛若峰、刘天福，1983，《农业技术经济手册》，农业出版社。

牛志伟、邹昭晞，2019，《农业生态补偿的理论与方法——基于生态系统与生态价值一致性补偿标准模型》，《管理世界》第 11 期。

潘美晨、宋波，2021，《受偿意愿在确定生态补偿标准上下限中的作用》，《中国环境科学》第 4 期。

彭靖，2009，《对我国农业废弃物资源化利用的思考》，《生态环境学报》第 2 期。

彭奎、朱波，2001，《试论农业养分的非点源污染与管理》，《环境保护》第 1 期。

彭里，2004，《重庆市畜禽粪便污染调查及防治对策》，硕士学位论文，西南农业大学。

彭里，2006，《畜禽养殖环境污染及治理研究进展》，《中国生态农业学报》第 2 期。

彭思毅、蒲施桦、简悦等，2022，《规模养殖场粪污资源化利用技术研究进展》，《中国畜牧杂志》第 12 期。

彭夏云、吴思谦、黄华强等，2020，《生物发酵床垫料厚度与肉牛饲养密度的关联性分析》，《中国牛业科学》第 2 期。

乔花云、司林波、彭建交等，2017，《京津冀生态环境协同治理模式研究——基于共生理论的视角》，《生态经济》第 6 期。

乔庆敏、宋春梅，2022，《苹果渣的饲料化利用技术及对经济效益的影响研究》，《饲料研究》第 9 期。

丘水林、靳乐山，2021，《生态保护红线区人为活动限制补偿标准及其影响因素——以农户受偿意愿为视角》，《中国土地科学》第 7 期。

邱美珍、谢菊兰、张星等，2020，《畜禽粪污资源化利用中生物转化技术研究进展》，《湖南畜牧兽医》第 5 期。

邱灶杨、张超、陈海平等，2019，《现阶段我国生物天然气产业发展现状及建议》，《中国沼气》第 6 期。

曲环，2007，《农业面源污染控制的补偿理论与途径研究》，博士学位论文，中国农业科学院。

全国畜牧总站组编，2016，《畜禽粪便资源化利用技术——种养结合模式》，中国农业科学技术出版社。

全世文，2016，《选择实验方法研究进展》，《经济学动态》第 1 期。

任俊霖、彭梓倩、伍新木等，2020，《中国生态补偿研究最新进展与前沿分析》，《林业经济》第 5 期。

任志宏、赵细康，2006，《公共治理新模式与环境治理方式的创新》，《学术研究》第 9 期。

山西省长治专署农林局，1955，《长治专区一九五四年推广青贮工作总结》，《畜牧与兽医》第 3 期。

尚海洋、刘正汉、毛必文，2015，《流域生态补偿标准的受偿意愿分析以石羊河流域为例》，《资源开发与市场》第 7 期。

沈贵银、孟祥海，2021，《多元共治的农村生态环境治理体系探索》，《环境保护》第 20 期。

沈满洪、何灵巧，2002，《外部性的分类及外部性理论的演化》，《浙江大学学报》（人文社会科学版）第 1 期。

沈玉君、张卜元、丁京涛等，2022，《奶牛粪便与秸秆混合发酵过程通风工艺优化》，《农业工程学报》第 4 期。

沈玉英，2004，《畜禽粪便污染及加快资源化利用探讨》，《土壤》第 2 期。

施常洁、王社芳、戴铄蕴等，2021，《长三角养殖密集区畜禽养殖污染空间分布特征及污染评估——以如皋市为例》，《江苏农业科学》第 1 期。

史风梅、裴占江、王粟等，2022，《寒区沼气工程增温保温方式经济效益估算》，《可再生能源》第 4 期。

史瑞祥，2018，《基于耕地消纳的山东省畜禽粪污环境承载力研究》，硕士学位论文，西北大学。

舒畅、乔娟、耿宁，2017，《畜禽养殖废弃物资源化的纵向关系选择研究——基于北京市养殖场户视角》，《资源科学》第 7 期。

宋圭武，2002，《农户行为研究若干问题述评》，《农业技术经济》第 4 期。

宋敏、金贵，2019，《规划管制背景下差别化耕地保护生态补偿研究：回顾与展望》，《农业经济问题》第 12 期。

宋荣平、胡华清、黄晶心等，2022，《云南省农村能源多元化发展建设——基于嵩明县的沼气用能调研》，《中国沼气》第 4 期。

宋亭萱，2020，《农户参与种养废弃物资源化利用及影响因素研究——以万荣县为例》，硕士学位论文，湖南农业大学。

宋婷婷、朱昌雄、薛蕙等，2020，《养殖废弃物堆肥中抗生素和抗性基因的降解研究》，《农业环境科学学报》第 5 期。

宋言奇，2010，《社会资本与农村生态环境保护》，《人文杂志》第 1 期。

隋超、李文刚、焦福林等，2020，《山西省规模养猪场的产排污系数测算》，《中国猪业》第 2 期。

孙建飞、郑聚锋、程琨等，2018，《基于可收集的秸秆资源量估算及利用潜力分析》，《植物营养与肥料学报》第 2 期。

孙翔、王玢、董战峰，2021，《流域生态补偿：理论基础与模式创新》，《改革》第 8 期。

孙永明、李国学、张夫道等，2005，《中国农业废弃物资源化现状与发展战略》，《农业工程学报》第 8 期。

孙振钧、孙永明，2006，《我国农业废弃物资源化与农村生物质能源利用的现状与发展》，《中国农业科技导报》第 1 期。

孙振钧、袁振宏、张夫道等，2004，《农业废弃物资源化与农村生物质资源战略研究报告》，国家中长期科学和技术发展战略研究。

单治国、强继业、满红平等，2022，《茶渣的饲料化利用技术及其在动物生产中的应用》，《饲料研究》第 10 期。

索龙、王鹏、张俊丽等，2022，《陕西省畜禽粪尿养分资源及耕地负荷分析》，《中国农学通报》第 20 期。

谭美英、武深树、邓云波等，2009，《湖南省不同区域畜禽粪便沼气处理的适宜性评价》，《中国畜牧杂志》第 16 期。

唐娇、陈城，2022，《生猪养殖粪污的循环利用与污染减控技术应用探讨》，《畜禽业》第 8 期。

唐绍均，2008，《论废弃产品问题的界定、成因与制度因应》，《资源科学》
　　第 4 期。

陶国根，2016，《社会资本视域下的生态环境多元协同治理》，《青海社会
　　科学》第 4 期。

滕国兴，1960，《用甜高粱汁作蜂群饲料的试验》，《中国养蜂》第 1 期。

田露、张越杰，2010，《中国肉牛产业链组织效率及其影响因素分析——
　　基于 14 个省份 233 份调查问卷的分析》，《农业经济问题》第 6 期。

田宜水，2012，《中国规模化养殖场畜禽粪便资源沼气生产潜力评价》，
　　《农业工程学报》第 8 期。

田玉麒、陈果，2020，《跨域生态环境协同治理：何以可能与何以可为》，
　　《上海行政学院学报》第 2 期。

汪兴东、熊彦龄，2018，《农户绿色能源消费行为影响因素研究——基于
　　户用沼气和大中型沼气的比较分析》，《南京工业大学学报》（社会科
　　学版）第 5 期。

汪振、张晓玉、刘滨，2022，《生计资本、生态认知与农村环境治理支付
　　意愿——基于江西省 588 份农户数据》，《新疆农垦经济》第 9 期。

王彬彬、李晓燕，2015，《生态补偿的制度建构：政府和市场有效融合》，
　　《政治学研究》第 5 期。

王成红，2009，《畜禽粪便施用最大量磷素指标的确定》，硕士学位论文，
　　扬州大学。

王方浩、马文奇、窦争霞等，2006，《中国畜禽粪便产生量估算及环境效
　　应》，《中国环境科学》第 5 期。

王昊天、陈珂、王玲，2020，《基于机会成本法的退耕还林生态补偿标
　　准——以辽西北生态脆弱区为例》，《沈阳大学学报》（社会科学版）
　　第 2 期。

王恒，2020，《有机肥替代化肥措施对山东设施菜农施肥行为的影响机制研
　　究——基于认知中介效应的视角》，硕士学位论文，中国农业科学院。

王磊，2018，《市域尺度农业温室气体排放计量与田块尺度生物质炭减排
　　的可持续性评价》，博士学位论文，南京农业大学。

王磊、洪磊、汪平生等，2022，《巢湖蓝藻与干麦草混合厌氧发酵产沼气研究》，《生物学杂志》第 4 期。

王丽英、王勇、徐成林，2022，《农村土地生态补偿模式选择研究》，《新乡学院学报》第 7 期。

王名、蔡志鸿、王春婷，2014，《社会共治：多元主体共同治理的实践探索与制度创新》，《中国行政管理》第 12 期。

王名、李健，2014，《社会共治制度初探》，《行政论坛》第 5 期。

王娜娜，2020，《基于离散选择实验的农业环境政策设计及案例研究》，博士学位论文，中国农业科学院。

王树义，2000，《流域管理体制研究》，《长江流域资源与环境》第 4 期。

王颖、王月、吴昌永等，2023，《西北生态脆弱区畜禽粪污处理技术综合评价》，《环境工程技术学报》第 2 期。

王越、李兰、况福虹，2023，《四川省秸秆和畜禽粪便县域分布特征和资源化利用潜力》，《农业资源与环境学报》第 2 期。

韦佳培，2013，《资源性农业废弃物的经济价值分析》，博士学位论文，华中农业大学。

韦佳培、李树明、邓正华等，2014，《农户对资源性农业废弃物经济价值的认知及支付意愿研究》，《生态经济》第 6 期。

温凌嵩、宋立华、臧一天等，2020，《蚯蚓处理畜禽粪便研究进展》，《家畜生态学报》第 7 期。

吴健、郭雅楠，2018，《生态补偿：概念演进、辨析与几点思考》，《环境保护》第 5 期。

吴乐、朱凯宁、靳乐山，2019，《环境服务付费减贫的国际经验及借鉴》，《干旱区资源与环境》第 11 期。

吴敏，2022，《美国协同治理型农业生态补偿模式的启示》，《北方经济》第 4 期。

吴曰程、谢汉友、王玉斌，2023，《中国肉牛养殖生产布局的阶段特征、变迁路径和影响机制——基于 2008—2019 年省域统计数据的空间计量分析》，《中国农业资源与区划》第 5 期。

吴月丰、张俊飚、王学婷，2021，《内在认知、环境政策与农户秸秆资源化利用意愿》，《干旱区资源与环境》第 9 期。

吴中全，2021，《生态红线区生态补偿机制研究——以重庆市为例》，博士学位论文，西南大学。

武千辉，2019，《社会网络、制度信任与农民环境治理参与意愿——以农业废弃物资源化为例》，硕士学位论文，浙江财经大学。

吴永兰、叶小梅、杜静等，2022，《畜禽养殖业碳排放核算方法研究进展》，《江苏农业科学》第 4 期。

肖宏儒、梅松、宋志禹等，2014，《生物质成型燃料加工关键技术及装备研究》，《中国农机化学报》第 6 期。

熊升银、周葵，2019，《农户参与秸秆资源化利用行为的影响机理研究》，《农村经济》第 4 期。

徐大伟、刘春燕、常亮，2013，《流域生态补偿意愿的 WTP 与 WTA 差异性研究：基于辽河中游地区居民的 CVM 调查》，《自然资源学报》第 3 期。

徐涛，2018，《节水灌溉技术补贴政策研究：全成本收益与农户偏好》，博士学位论文，西北农林科技大学。

徐涛、赵敏娟、乔丹等，2018，《外部性视角下的节水灌溉技术补偿标准核算——基于选择实验法》，《自然资源学报》第 7 期。

徐奕琳，2021，《农村经济开发区多能互补可再生能源发电规划研究》，硕士学位论文，华北电力大学。

薛豫南，2020，《基于循环经济的畜禽污染治理动力机制》，博士学位论文，大连海事大学。

颜廷武、何可、崔蜜蜜等，2016，《农民对作物秸秆资源化利用的福利响应分析——以湖北省为例》，《农业技术经济》第 4 期。

燕翔、官峥嵘、王都留等，2022，《大豆秸秆综合利用研究进展》，《大豆科学》第 4 期。

杨春、王明利，2013，《考虑空间效应的中国肉牛生产区域集聚及成因》，《技术经济》第 10 期。

杨冠琼、刘雯雯，2014，《公共问题与治理体系——国家治理体系与能力现代化的问题基础》，《中国行政管理》第 2 期。

杨韩，2021，《基于条件价值评估法的棉花秸秆资源化利用生态补偿研究——以南疆兵团棉农支付意愿的调查数据为例》，硕士学位论文，塔里木大学。

杨惠杰、叶亚峰、郭均瑶等，2021，《水稻脆性秸秆青贮发酵品质特性的研究》，《饲料研究》第 22 期。

杨莉、乔光华，2021，《基于牧民受偿意愿的生态保护红线区草原生态补偿标准研究》，《干旱区资源与环境》第 11 期。

杨育林、文勇立、李昌平等，2009，《川西平原规模化养殖场不同畜种及粪污处理方式对环境的影响》，《黑龙江畜牧兽医》第 4 期。

姚利、辛淑荣、赵自超，2021，《畜禽粪便基质化利用典型技术模式研究进展》，《中国农学通报》第 1 期。

姚柳杨，2018，《休耕的社会福利评估——以武威市为例》，博士学位论文，西北农林科技大学。

姚治榛，2020，《畜禽粪污资源化利用模式的区域适宜性评价研究》，硕士学位论文，中国农业科学院。

殷锐，2019，《农户对农业废弃物能源化利用生态价值的认知及支付意愿研究》，硕士学位论文，华中农业大学。

尹昌斌、周颖，2008，《循环农业发展的基本理论及展望》，《中国生态农业学报》第 6 期。

雍新琴、张安录，2011，《基于机会成本的耕地保护农户经济补偿标准探讨——以江苏铜山县小张家村为例》，《农业现代化研究》第 5 期。

余亮彬、周国乔、刘卫军，2018，《畜禽粪便资源化利用技术》，中国农业大学出版社。

余亮亮、蔡银莺，2015，《生态功能区域农田生态补偿的农户受偿意愿分析——以湖北省麻城市为例》，《经济地理》第 1 期。

余智涵、苏世伟，2019，《基于条件价值评估法的江苏省农户秸秆还田受偿意愿研究》，《资源开发与市场》第 7 期。

俞振宁，2019，《重金属污染耕地区农户参与治理式休耕行为研究》，博士学位论文，浙江大学。

俞振宁、谭永忠、茅铭芝等，2018，《重金属污染耕地治理式休耕补偿政策：农户选择实验及影响因素分析》，《中国农村经济》第 2 期。

苑海涛，2019，《市场化生态补偿机制模式研究分析》，《现代经济信息》第 1 期。

臧漫丹、高显义，2006，《循环经济及政策体系研究》，《同济大学学报》（社会科学版）第 1 期。

曾雅琼、施正香、王盼柳，2018，《牛粪垫料再生系统温室气体排放及其对环境的影响》，《中国农业大学学报》第 7 期。

詹国彬、陈健鹏，2020，《走向环境治理的多元共治模式：现实挑战与路径选择》，《政治学研究》第 2 期。

张广胜、王珊珊，2014，《中国农业碳排放的结构、效率及其决定机制》，《农业经济问题》第 7 期。

张海清，2007，《生物质混煤燃烧及污染物排放特性研究》，硕士学位论文，山东大学。

张红丽、韩平新、滕慧奇，2022，《价值认知能够改善农户畜禽粪污资源化行为吗？——基于生计策略调节作用的分析》，《干旱区资源与环境》第 5 期。

张鸿禧，1958，《怎样在堆肥中防止玉米螟逃窜》，《中国农业科学》第 3 期。

张建政、曾光辉，2006，《人口增长压力下的环境治理途径分析与启示》，《人口学刊》第 6 期。

张俊飚，2008，《"两型社会"建设与湖北农业发展》，《湖南社会科学》第 5 期。

张俊峰、贺三维、张光宏等，2020，《流域耕地生态盈亏、空间外溢与财政转移——基于长江经济带的实证分析》，《农业经济问题》第 12 期。

张俊亚、隋倩雯、魏源送，2021，《畜禽粪污处理处置中危险生物因子赋存与控制研究进展》，《农业环境科学学报》第 11 期。

张学智、王继岩、张藤丽等，2021，《中国农业系统甲烷排放量评估及低碳措施》，《环境科学与技术》第 3 期。

张永强、杨洁，2021，《中国肉牛养殖布局演变分析及驱动机制研究》，《家畜生态学报》第 9 期。

张越杰、田露，2010，《中国肉牛生产区域布局变动及其影响因素分析》，《中国畜牧杂志》第 12 期。

张志娟、周腰华，2022，《基于文献计量的我国玉米秸秆综合利用研究进展与态势分析》，《玉米科学》第 3 期。

张子涵，2021，《环境规制对养殖户废弃物资源化利用行为影响研究》，硕士学位论文，西北农林科技大学。

赵佳颖、周晚来、戚智勇，2019，《农业废弃物基质化利用》，《绿色科技》第 22 期。

赵晶晶、葛颜祥、李颖，2022，《"多主体协同"对流域生态补偿运行绩效的影响研究》，《中国土地科学》第 11 期。

赵晶晶、谢保鹏，2022，《农户参与生活垃圾治理的意愿研究——基于农户认知的中介效应分析》，《生产力研究》第 6 期。

赵俊伟、姜昊、陈永福等，2019，《生猪规模养殖粪污治理行为影响因素分析——基于意愿转化行为视角》，《自然资源学报》第 8 期。

赵馨馨、杨春、韩振，2019，《我国畜禽粪污资源化利用模式研究进展》，《黑龙江畜牧兽医》第 4 期。

郑福庭，1983，《变废为宝的良策 关于农业废弃物的处理与妙用》，《农业工程》第 1 期。

郑云辰，2019，《流域生态补偿多元主体责任分担及其协同效应研究》，博士学位论文，山东农业大学。

周敬宣、李冠峰、李艳萍，2003，《我国粪便处置现状与治理对策的研究》，《环境污染治理技术与设备》第 3 期。

周颖、梅旭荣、杨鹏等，2021，《绿色发展背景下农业生态补偿理论内涵与定价机制》，《中国农业科学》第 20 期。

周颖、周清波、甘寿文等，2018，《玉米秸秆还田技术支付与受偿意愿差异性研究——以保定市徐水区农户调查为例》，《中国生态农业学报》

第 5 期。

朱丹，2016，《我国生态补偿机制构建：模式、逻辑与建议》，《广西社会科学》第 9 期。

朱菊隐，2019，《安徽和县农户环境友好型技术采纳行为特征研究》，《中国集体经济》第 18 期。

朱锡平，2002，《论生态环境治理的特征》，《生态经济》第 9 期。

朱子云、夏卫生、彭新德等，2016，《基于机会成本的农产品禁产区农业生态补偿标准探讨——以湘潭市为例》，《湖南农业科学》第 11 期。

祝延立、那伟、郗登宝等，2020，《吉林省主要农作物秸秆系数测定及资源评价》，《农业科技通讯》第 7 期。

左巧丽、杨钰蓉、李兆亮等，2022，《农户化肥减量替代意愿研究：基于价值认知和制度情境的分析》，《世界农业》第 4 期。

左旭、毕于运、王红彦等，2015，《中国棉秆资源量估算及其自然适宜性评价》，《中国人口·资源与环境》第 6 期。

左永彦，2017，《考虑环境因素的中国规模生猪养殖生产率研究》，博士学位论文，西南大学。

Atari D O A, Yiridoe E K, Smale S, et al. 2009. "What Motivates Farmers to Participate in the Nova Scotia Environmental Farm Plan Program? Evidence and Environmental Policy Implications." *Journal of Environmental Management* 90 (2).

Ayres I, Braithwaite J. 1992. *Responsive Regulation: Transcending the Deregulation Debate.* New York, MA, US: Oxford University Press.

Bhat C R. 2003. "Simulation Estimation of Mixed Discrete Choice Models Using Randomized and Scrambled Halton Sequences." *Transportation Research Part B: Methodological* 37 (9).

Blicharska M, Hedblom M, Josefsson J, et al. 2022. "Operationalisation of Ecological Compensation-Obstacles and Ways Forward." *Journal of Environmental Management* 304.

Bodin Ö, Nohrstedt D. 2016. "Formation and Performance of Collaborative Disaster Management Networks: Evidence from a Swedish Wildfire Response. " *Global Environmental Change* 41.

Bressers H T A. , Kuks S M. 2003. "What Does Governance Mean? From Conception to Elaboration. " In *Achieving Sustainable Development: The Challenge of Governance Across Social Scales*, edited by J. Bressers, W. Rosenbaum, pp. 65-88. Bloomsbury Publishing.

Carpenter D, Westover T L, Czernik S, et al. 2014. "Biomass Feedstocks for Renewable Fuel Production: A Review of the Impacts of Feedstock and Pretreatment on the Yield and Product Distribution of Fast Pyrolysis Bio-oils and Vapors. " *Green Chemistry* 16 (2).

Caussade S, de Dios Ortúzar J, Rizzi L I, et al. 2005. "Assessing the Influence of Design Dimensions on Stated Choice Experiment Estimates. " *Transportation Research Part B: Methodological* 39 (7).

Centner T J, Feitshans T A. 2006. "Regulating Manure Application Discharges from Concentrated Animal Feeding Operations in the United States. " *Environmental Pollution* 141 (3).

Centner T J, Wetzstein M E, Mullen J D. 2008. "Small Livestock Producers with Diffuse Water Pollutants: Adopting a Disincentive for Unacceptable Manure Application Practices. " *Desalination* 226 (1-3).

Chee-Sanford J C, Mackie R I, Koike S, et al. 2009. "Fate and Transport of Antibiotic Residues and Antibiotic Resistance Genes following Land Application of Manure Waste. " *Journal of Environmental Quality* 38 (3).

Chen L H, Cong R G, Shu B R, et al. 2017. "A Sustainable Biogas Model in China: The Case Study of Beijing Deqingyuan Biogas Project. " *Renewable and Sustainable Energy Reviews* 78.

Chen W, Wu L, Chang A C, et al. 2009. "Assessing the Effect of Long-term Crop Cultivation on Distribution of Cd in the Root Zone. " *Ecological Modelling* 220 (15).

Costanza J K, Marcinko S E, Goewert A E, et al. 2008. "Potential Geographic

Distribution of Atmospheric Nitrogen Deposition from Intensive Livestock Production in North Carolina, USA. " *Science of the Total Environment* 398 (1-3).

De Santo E M. 2016. "Assessing Public 'Participation' in Environmental Decision - making: Lessons Learned from the UK Marine Conservation Zone (MCZ) Site Selection Process. " *Marine Policy* 64.

Eijlander P. 2005. "Possibilities and Constraints in the Use of Self - regulation and Co - regulation in Legislative Policy: Experiences in the Netherlands - Lessons to Be Learned for the EU?" *European Journal of Comparative Law* 9 (1).

Engel S, Pagiola S, Wunder S. 2008. "Designing Payments for Environmental Services in Theory and Practice: An Overview of the Issues. " *Ecological Economics* 65 (4).

Ersoy E, Ugurlu A. 2020. "The Potential of Turkey's Province-based Livestock Sector to Mitigate GHG Emissions through Biogas Production. " *Journal of Environmental Management* 255.

Falk R A. 1992. *Governance without Government: Order and Change in World Politics.* New York, MA, US: Cambridge University Press.

Farley J, Costanza R. 2010. "Payments for Ecosystem Services: From Local to Global. " *Ecological Economics* 69 (11).

Freeman A M. 1984. "The Quasi - option Value of Irreversible Development. " *Journal of Environmental Economics and Management* 11 (3).

Froger G, Ménard S, Méral P. 2015. "Towards a Comparative and Critical Analysis of Biodiversity Banks. " *Ecosystem Services* 15.

Gabel V M, Home R, Stolze M, et al. 2018. "Motivations for Swiss Lowland Farmers to Conserve Biodiversity: Identifying Factors to Predict Proportions of Implemented Ecological Compensation Areas. " *Journal of Rural Studies* 62.

Gao Z, Schroeder T C. 2009. "Effects of Label Information on Consumer Willingness-to-Pay for Food Attributes. " *American Journal of Agricultural Economics* 91 (3).

Gatto P, Mozzato D, Defrancesco E. 2019. "Analysing the Role of Factors Affecting Farmers' Decisions to Continue with Agri-environmental Schemes from a Temporal Perspective. " *Environmental Science & Policy* 92.

Greene W H, Hensher D A. 2003. "A Latent Class Model for Discrete Choice Analysis: Contrasts with Mixed Logit. " *Transportation Research Part B: Methodological* 37 (8).

Gunningham N, Rees J. 1997. "Industry Self-regulation: An Institutional Perspective. " *Law and policy* 19 (4).

Hendrickson C Y, Corbera F. 2015. "Participation Dynamics and Institutional Change in the Scolel Té Carbon Forestry Project, Chiapas, Mexico. " *Geoforum* 59.

Jaeger S R, Lusk J L, House L O, et al. 2004. "The Use of Non-hypothetical Experimental Markets for Measuring the Acceptance of Genetically Modified Foods. " *Food Quality and Preference* 15 (7-8).

Kingston R, Carver S, Evans A, et al. 2000. "Web-based Public Participation Geographical Information Systems: An Aid to Local Environmental Decision-making. " *Computers, Environment and Urban Systems* 24 (2).

Lancaster K J. 1966. "A New Approach to Consumer Theory. " *Journal of Political Economy* 74 (2).

Lima T, Domingues S, Da Silva G J. 2020. "Manure as a Potential Hotspot for Antibiotic Resistance Dissemination by Horizontal Gene Transfer Events. " *Veterinary Sciences* 7 (3).

Liu W R, Zeng D, She L, et al. 2020. "Comparisons of Pollution Characteristics, Emission situations, and Mass Loads for Heavy Metals in the Manures of Different Livestock and Poultry in China. " *Science of the Total Environment* 734.

Louviere J J, Flynn T N, Carson R T. 2010. "Discrete Choice Experiments Are

Not Conjoint Analysis." *Journal of Choice Modelling* 3 (3).

Luce R D. 1959. *Individual Choice Behavior: A Theoretical Analysis*. New York, MA, US: Dover Publications.

Mallin M A, Cahoon L B. 2003. "Industrialized Animal Production—A Major Source of Nutrient and Microbial Pollution to Aquatic Ecosystems." *Population and Environment* 24 (5).

Marschak J. 1960. *Binary Choice Constraints on Random Utility Indicators*. Palo Alto, CA, US: Stanford University Press.

McFadden D. 1974. "The Measurement of Urban Travel Demand." *Journal of Public Economics* 3 (4).

Moustakas K, Parmaxidou P, Vakalis S. 2020. "Anaerobic Digestion for Energy Production from Agricultural Biomass Waste in Greece: Capacity Assessment for the Region of Thessaly." *Energy* 191.

Mueller D P. 1981. "The Current Status of Urban-rural Differences in Psychiatric Disorder. An Emerging Trend for Depression." *The Journal of Nervous and Mental Disease* 169 (1).

O' Toole K, Burdess N. 2004. "New Community Governance in Small Rural Towns: The Australian Experience." *Journal of Rural Studies* 20 (4).

Pagiola S, Platais G, Sossai M. 2019. "Protecting Natural Water Infrastructure in Espírito Santo, Brazil." *Water Economics and Policy* 5 (4).

Polanyi M. 1951. *The Logic of Liberty*. Chicago, IL, US: University of Chicago Press.

Price J C, Leviston Z. 2014. "Predicting Pro-environmental Agricultural Practices: The social, Psychological and Contextual Influences on Land Management." *Journal of Rural Studies* 36.

Rees J. 1992. "Markets—The Panacea for Environmental Regulation?" *Geoforum* 23 (3).

Roldan J M, Carreira J A, Lax P, et al. 2010. "Impact of Irrigation with Treated Urban Wastewater on the Accumulation of Heavy Metals in Soil and

Crops in the Guadalquivir River Marshes, SW Spain." *Arabian Journal of Geosciences*.

Rosenau J N, Czempiel E. 1992. "Governance without Government: Order and Change in World Politics." *International Affairs*.

Rouvière E, Caswell J A. 2012. "From Punishment to Prevention: A French Case Study of the Introduction of Co-regulation in Enforcing Food Safety." *Food Policy* 37 (3).

Rudd M A. 2000. "Live Long and Prosper: Collective Action, Social Capital and Social Vision." *Ecological Economics* 34 (1).

Sanchis-Ibor C, García-Mollá M, Torregrosa T, et al. 2019. "Water Transfers between Agricultural and Urban Users in the Region of Valencia Spain. A Case of Weak Governance?" *Water Security* 7.

Stoker G. 1998. "Governance as Theory: Five Propositions." *International Social Science Journal* 50 (155).

Tadesse T, Berhane T, Mulatu D W, et al. 2021. "Willingness to Accept Compensation for Afromontane Forest Ecosystems Conservation." *Land Use Policy* 105.

Thurstone L. 1927. "A Law of Comparative Judgment." *Psychological Review* 34 (4).

Tienhaara A, Pouta E, Kolstrup C L, et al. 2020. "Consumer Preferences for Riding Lessons in Finland, Sweden and Latvia." *Journal of Outdoor Recreation and Tourism* 32.

Train K E, Wilson W W. 2009. "Monte Carlo Analysis of SP-off-RP Data." *Journal of Choice Modelling* 2 (1).

van Aalst M K, Cannon T, Burton I. 2008. "Community Level Adaptation to Climate Change: The Potential Role of Participatory Community Risk Assessment." *Global Environmental Change* 18 (1).

Willock J, Deary I J, McGregor M M, et al. 1999. "Farmers' Attitudes, Objectives, Behaviors, and Personality Traits: The Edinburgh Study of Decision Making on Farms. " *Journal of Vocational Behavior* 54 （1）.

Yapp C, Fairman R. 2005. "Assessing Compliance with Food Safety Legislation in Small Businesses. " *British Food Journal* 107 （3）.

Zervas G, Tsiplakou E. 2011. "The Effect of Feeding Systems on the Characteristics of Products from Small Ruminants. " *Small Ruminant Research* 101 （1-3）.

Zhang Q, Ye C, Duan J. 2022. "Multi-dimensional Superposition: Rural Collaborative Governance in Liushe Village, Suzhou City. " *Journal of Rural Studies* 96.

Zheng X C, Zou D S, Wu Q D, et al. 2022. "Review on Fate and Bioavailability of Heavy Metals during Anaerobic Digestion and Composting of Animal Manure. " *Waste Management* 150.

| 附录一 |

2001~2022 年畜禽养殖废弃物资源化利用
相关政策法规

年份	印发机构	政策法规名称
2001	国家环境保护总局	《国家环境保护"十五"计划》
2001	国家环境保护总局	《国家环境科技发展"十五"计划纲要》
2001	国家环境保护总局	《畜禽养殖污染防治管理办法》
2001	国家环境保护总局	《畜禽养殖业污染防治技术规范》
2001	国家环境保护总局、国家质量监督检验检疫总局	《畜禽养殖业污染物排放标准》
2002	全国人大常委会	《中华人民共和国农业法》（2002 修订）
2002	国家经贸委、财政部、科学技术部、国家税务总局	《国家产业技术政策》
2003	国务院	《排污费征收使用管理条例》
2003	国家发展计划委员会、财政部、国家环境保护总局、国家经贸委	《排污费征收标准管理办法》
2004	国家质量监督检验检疫总局、国家标准化管理委员会	《畜禽场环境质量评价准则》
2004	全国人大常委会	《中华人民共和国固体废物污染环境防治法》（2004 修订）
2004	农业部	《关于推进畜禽现代化养殖方式的指导意见》
2005	全国人大常委会	《中华人民共和国畜牧法》
2005	全国人大常委会	《中华人民共和国可再生能源法》
2006	全国人民代表大会	《中华人民共和国国民经济和社会发展第十一个五年规划纲要》

续表

年份	印发机构	政策法规名称
2006	科学技术部	《国家科技支撑计划"十一五"发展纲要》
2006	国家环境保护总局	《全国生态保护"十一五"规划》
2006	农业部	《全国农业和农村经济发展第十一个五年规划（2006—2010年)》
2006	财政部、国家环境保护总局	《中央环境保护专项资金项目申报指南（2006—2010年）》
2006	农业部	《畜禽场环境污染控制技术规范》
2006	农业部	《畜禽粪便无害化处理技术规范》
2006	农业部	《畜禽场环境质量及卫生控制规范》
2007	农业部	《全国农村沼气工程建设规划（2006—2010年）》
2007	农业部	《乡村清洁工程项目资金管理暂行办法》
2007	农业部	《农业科技发展规划（2006—2020年)》
2007	农业部、国家发展改革委	《关于进一步加强农村沼气建设管理的意见》
2007	农业部	《关于实施发展现代农业重点行动的意见》
2007	国务院	《中国应对气候变化国家方案》
2007	国务院	《节能减排综合性工作方案》
2007	国务院	《国家环境保护"十一五"规划》
2008	全国人大常委会	《中华人民共和国循环经济促进法》
2008	国务院	《2008年节能减排工作安排》
2009	农业部	《关于进一步做好2009年度投资项目储备工作的通知》
2009	环境保护部、财政部、国家发展改革委	《关于实行"以奖促治"加快解决突出的农村环境问题的实施方案》
2009	环境保护部	《畜禽养殖业污染治理工程技术规范》
2010	环境保护部	《畜禽养殖产地环境评价规范》
2010	农业部	《2010年畜牧业工作要点》
2010	环境保护部	《畜禽养殖业污染防治技术政策》
2010	环境保护部	《畜禽养殖场（小区）环境监察工作指南》（试行）
2011	全国人民代表大会	《中华人民共和国国民经济和社会发展第十二个五年规划纲要》
2011	农业部	《全国农业和农村经济发展第十二个五年规划》
2011	农业部	《全国畜牧业发展第十二个五年规划》
2011	农业部	《农业科技发展"十二五"规划》

续表

年份	印发机构	政策法规名称
2011	农业部	《关于进一步加强农业和农村节能减排工作的意见》
2011	农业部	《关于加快推进农业清洁生产的意见》
2011	农业部	《全国农业机械化专项发展规划》
2011	农业部	《关于印发 2012 年财政项目指南的通知》
2011	国务院	《国家环境保护"十二五"规划》
2011	国务院	《关于加强环境保护重点工作的意见》
2011	国家发展改革委	《"十二五"资源综合利用指导意见》《大宗固体废物综合利用实施方案》
2011	财政部、国家税务总局	《关于调整完善资源综合利用产品及劳务增值税政策的通知》
2011	财政部、国家能源局、农业部	《绿色能源示范县建设补助资金管理暂行办法》
2012	农业部	《2012 年畜牧业工作要点》
2012	环境保护部、农业部	《全国畜禽养殖污染防治"十二五"规划》
2012	国务院	《全国现代农业发展规划（2011—2015 年）》
2012	国务院	《节能减排"十二五"规划》
2012	国家能源局	《生物质能发展"十二五"规划》
2012	国家发展改革委	《全国农村经济发展"十二五"规划》
2012	农业部	《农业部贯彻落实党中央国务院有关"三农"重点工作实施方案》（2012）
2013	农业部	《农业部贯彻落实党中央国务院有关"三农"重点工作实施方案》（2013）
2013	农业部	《农业部 2013 年为农民办实事工作方案》
2013	农业部	《关于开展"美丽乡村"创建活动的意见》
2013	国务院	《循环经济发展战略及近期行动计划》
2013	国务院	《畜禽规模养殖污染防治条例》
2014	全国人大常委会	《中华人民共和国环境保护法》（2014 修订）
2014	农业部	《关于切实做好 2014 年农业农村经济工作的意见》
2014	农业部	《农业部贯彻落实党中央国务院有关"三农"重点工作实施方案》（2014）
2014	农业部	《2014 年农业科技教育与环保能源工作要点》
2014	农业部	《2014 年畜牧业工作要点》

续表

年份	印发机构	政策法规名称
2014	国务院	《关于进一步加强新时期爱国卫生工作的意见》
2014	国务院	《关于改善农村人居环境的指导意见》
2014	国家农业综合开发办公室	《关于支持有机肥生产试点的指导意见》
2015	国务院	《关于推行环境污染第三方治理的意见》
2015	全国人大常委会	《中华人民共和国大气污染防治法》（2015 修订）
2015	中共中央、国务院	《关于落实发展新理念加快农业现代化实现全面小康目标的若干意见》
2015	中共中央、国务院	《关于加快推进生态文明建设的意见》
2015	农业部、国家发展改革委、科学技术部等	《全国农业可持续发展规划（2015—2030 年）》
2015	农业部	《到 2020 年化肥使用量零增长行动方案》《到 2020 年农药使用量零增长行动方案》
2015	农业部	《2015 年畜牧业工作要点》
2015	农业部	《关于促进草食畜牧业加快发展的指导意见》
2015	农业部	《农业部贯彻落实党中央国务院有关"三农"重点工作实施方案》（2015）
2015	农业部、国家农业综合开发办公室	《关于组织申报 2015 年国家农业综合开发区域生态循环农业示范项目有关事宜的通知》
2015	农业部、国家发展改革委、财政部、银监会	《关于扎实推进国家现代农业示范区改革与建设率先实现农业现代化的指导意见》
2015	国务院	《关于加快转变农业发展方式的意见》
2015	国务院	《水污染防治行动计划》
2015	财政部	《农业综合开发扶持农业优势特色产业促进农业产业化发展的指导意见》
2015	住房和城乡建设部、中央农办、中央文明办等	《关于全面推进农村垃圾治理的指导意见》
2015	农业部	《关于促进南方水网地区生猪养殖布局调整优化的指导意见》
2015	农业部	《关于打好农业面源污染防治攻坚战的实施意见》
2015	中共中央、国务院	《生态文明体制改革总体方案》
2016	全国人大常委会	《中华人民共和国环境影响评价法》（2016 修正）
2016	全国人民代表大会	《中华人民共和国国民经济和社会发展第十三个五年规划纲要》
2016	中共中央、国务院	《关于深入推进农业供给侧结构性改革　加快培育农业农村发展新动能的若干意见》

续表

年份	印发机构	政策法规名称
2016	国家发展改革委、财政部、国土资源部等	《关于加强资源环境生态红线管控的指导意见》
2016	国家发展改革委	《全国农村经济发展"十三五"规划》
2016	农业部	《关于扎实做好 2016 年农业农村经济工作的意见》
2016	农业部	《关于做好农业废弃物资源化利用试点和国家农业可持续发展试验示范区建设工作的通知》
2016	农业部、国家发展改革委、科学技术部等	《国家农业可持续发展试验示范区建设方案》
2016	农业部	《2016 年畜牧业工作要点》
2016	农业部	《关于实施国家现代农业示范区十大主题示范行动的通知》
2016	农业部、国家农业综合开发办公室	《农业综合开发区域生态循环农业项目指引（2017—2020 年）》
2016	农业部	《关于北方农牧交错带农业结构调整的指导意见》
2016	农业部	《农业资源与生态环境保护工程规划（2016—2020 年）》
2016	农业部	《全国生猪生产发展规划（2016—2020 年）》
2016	农业部	《洞庭湖区畜禽水产养殖污染治理试点工作方案》
2016	环境保护部、农业部	《关于进一步加强畜禽养殖污染防治工作的通知》
2016	国务院	《土壤污染防治行动计划》
2016	国务院	《全国农业现代化规划（2016—2020 年）》
2016	国务院	《"十三五"节能减排综合工作方案》
2016	农业部	《全国饲料工业"十三五"发展规划》
2016	农业部、财政部	《关于做好 2016 年农业生产全程社会化服务试点工作的通知》
2016	农业部	《"十三五"全国农业农村信息化发展规划》
2016	农业部	《关于促进现代畜禽种业发展的意见》
2016	国家发展改革委、农业部	《关于推进农业领域政府和社会资本合作的指导意见》
2016	国家发展改革委、农业部、国家林业局	《关于加快发展农业循环经济的指导意见》
2016	农业部、国家发展改革委、科学技术部等	《国家农业可持续发展试验示范区建设方案》
2016	农业部	《关于印发畜牧业绿色发展示范县创建活动方案和考核办法的通知》
2016	环境保护部	《"十三五"环境影响评价改革实施方案》

续表

年份	印发机构	政策法规名称
2016	国家能源局	《生物质能发展"十三五"规划》
2016	国务院	《"十三五"生态环境保护规划》
2016	国务院	《"十三五"控制温室气体排放工作方案》
2016	环境保护部、农业部	《畜禽养殖禁养区划定技术指南》
2016	财政部、农业部	《建立以绿色生态为导向的农业补贴制度改革方案》
2016	环境保护部、国家发展改革委、科学技术部等	《水污染防治行动计划实施情况考核规定（试行）》
2016	环境保护部	《排污许可证管理暂行规定》
2017	农业部	《2017 年农业面源污染防治攻坚战重点工作安排》
2017	农业部	《2017 年畜禽养殖标准化示范创建活动工作方案》
2017	全国人大常委会	《中华人民共和国水污染防治法》（2017 修正）
2017	国务院	《中华人民共和国环境保护税法实施条例》
2017	环境保护部、农业部	《农用地土壤环境管理办法（试行）》
2017	财政部、农业部	《关于深入推进农业领域政府和社会资本合作的实施意见》
2017	环境保护部	《固定污染源排污许可分类管理名录（2017 年版）》
2017	环境保护部	《关于在畜禽养殖废弃物资源化利用过程中加强环境监管的通知》
2017	农业部、财政部	《关于做好畜禽粪污资源化利用试点工作的预备通知》
2017	农业部	《关于贯彻落实〈土壤污染防治行动计划〉的实施意见》
2017	农业部	《开展果菜茶有机肥替代化肥行动方案》
2017	农业部	《关于推进农业供给侧结构性改革的实施意见》
2017	农业部	《关于认真贯彻落实习近平总书记重要讲话精神加快推进畜禽粪污处理和资源化工作的通知》
2017	农业部	《关于加快东北粮食主产区现代畜牧业发展的指导意见》
2017	农业部	《重点流域农业面源污染综合治理示范工程建设规划（2016—2020 年）》
2017	农业部	《2017 年畜牧业工作要点》
2017	农业部	《关于成立农业部畜禽养殖废弃物处理和资源化领导小组的通知》
2017	农业部	《2017 年推进北方农牧交错带农业结构调整工作方案》
2017	农业部	《关于开展 2018 年农业综合开发区域生态循环农业项目省级项目储备方案编制工作的通知》

年份	印发机构	政策法规名称
2017	农业部、中国农业发展银行	《关于合力推进农业供给侧结构性改革的通知》
2017	农业部、财政部	《关于做好畜禽粪污资源化利用项目实施工作的通知》
2017	国家发展改革委、农业部	《全国农村沼气发展"十三五"规划》
2017	农业部	《畜禽粪污资源化利用行动方案（2017—2020 年)》
2017	农业部	《"十三五"农业科技发展规划》
2017	农业部	《关于实施农业绿色发展五大行动的通知》
2017	农业部	《关于开展 2018 年畜牧业绿色发展示范县创建活动的通知》
2017	农业部	《关于统筹做好畜牧业发展和畜禽粪污治理工作的通知》
2017	国家发展改革委、农业部	《全国畜禽粪污资源化利用整县推进项目工作方案（2018—2020 年)》
2017	国务院	《关于加快推进畜禽养殖废弃物资源化利用的意见》
2017	中共中央、国务院	《关于创新体制机制推进农业绿色发展的意见》
2017	农业部	《种养结合循环农业示范工程建设规划（2017—2020 年)》
2017	国家发展改革委等 14 部门	《循环发展引领行动》
2018	中共中央、国务院	《农村人居环境整治三年行动方案》
2018	中共中央、国务院	《关于实施乡村振兴战略的意见》
2018	农业部	《2018 年种植业工作要点》
2018	农业部	《畜禽粪污土地承载力测算技术指南》
2018	农业部	《关于畜禽养殖废弃物资源化利用联合督导情况的通报》
2018	农业部	《关于大力实施乡村振兴战略加快推进农业转型升级的意见》
2018	农业部	《畜禽规模养殖场粪污资源化利用设施建设规范（试行)》
2018	农业部	《2018 年畜牧业工作要点》
2018	农业部、财政部	《2018—2020 年农机购置补贴实施指导意见》
2018	农业部、环境保护部	《畜禽养殖废弃物资源化利用工作考核办法（试行)》
2018	国家发展改革委、农业部	《畜禽粪污资源化利用工程等专项 2018 年中央预算内投资计划》
2018	农业农村部、生态环境部	《2017 年度畜禽养殖废弃物资源化利用工作考核实施方案》
2018	农业农村部	《关于做好畜禽粪污资源化利用跟踪监测工作的通知》
2018	农业农村部	《关于切实做好大型规模养殖场畜禽粪污资源化利用工作的通知》
2018	生态环境部	《关于做好畜禽规模养殖项目环境影响评价管理工作的通知》
2018	农业农村部、财政部	《关于做好 2018 年畜禽粪污资源化利用项目实施工作的通知》

续表

年份	印发机构	政策法规名称
2019	农业农村部、财政部	《关于做好 2019 年畜禽粪污资源化利用项目实施工作的通知》
2019	农业农村部	《关于成立农业农村部畜禽养殖废弃物资源化利用技术指导委员会的通知》
2019	农业农村部	《畜禽养殖废弃物资源化利用 2019 年工作要点》
2020	农业农村部、生态环境部	《关于进一步明确畜禽粪污还田利用要求强化养殖污染监管的通知》
2020	农业农村部、财政部	《关于做好 2020 年畜禽粪污资源化利用工作的通知》
2020	农业农村部	《2020 年畜牧兽医工作要点》
2020	农业农村部	《2020 年农业农村科教环能工作要点》
2020	国务院	《关于促进畜牧业高质量发展的意见》
2020	农业农村部	《社会资本投资农业农村指引》
2021	农业农村部、生态环境部	《关于加强畜禽粪污资源化利用计划和台账管理的通知》
2021	农业农村部	《关于开展全国农业科技现代化先行县共建工作的通知》
2022	农业农村部、生态环境部	《畜禽养殖场（户）粪污处理设施建设技术指南》

|附录二|

肉牛养殖废弃物资源化生态补偿调查问卷
（养殖户）

尊敬的养殖户：

您好！我们正在进行一项关于肉牛养殖废弃物资源化利用的研究。请将您所了解的情况告诉我们，在选项上打"√"即可，或在横线上、（　　）中写出答案。问卷中所涉及的问题均可多选，其答案没有对错之分。您所填写的所有材料，仅供学术研究使用，真诚地感谢您的合作！

调查地点：_____省（区）_____市（县）_____镇_____村

调查时间：_____被调查人姓名：_____联系方式：_____

1. 养殖户（场）家庭成员概况

序号	与户主关系	性别	年龄	文化程度	健康状况	是不是村干部	手艺技能	家庭类型
	1. 户主 2. 配偶 3. 父母 4. 子女 5. 其他	1. 男 2. 女	（年底周岁）	1=小学 2=初中 3=高中 4=大专/本科 5=研究生	1. 健康 2. 一般 3. 差	1=是 0=否	指泥瓦匠、木匠、竹匠，以及油漆、裁缝、理发、电焊、开车等之类的技能 1=具有 0=不具有	1. 纯农 2. 兼业农户
（1）								
（2）								
（3）								
（4）								

2. 养殖户（场）劳动力情况

家庭人口（人）	家庭劳动力数量（人）	全年从事肉牛养殖的劳动力（人）	外出务工人数（人）	开始从事肉牛养殖时间（年）	养殖雇用工人数量（人）	雇用工人年工作时长（月）	雇用工人月工资（元）

3. 家庭主要经济收入来源（　　　）

A. 种植业收入（　　　　元）　　B. 养牛收入（　　　　　元）

C. 其他养殖收入（　　　　元）　　D. 外出务工收入（　　　　　元）

E. 经商收入（　　　　元）　　F. 其他（　　　　元）

4. 农作物种植播种

玉米＿＿＿亩；小麦＿＿＿亩；水稻＿＿＿亩；大豆＿＿＿亩；花生＿＿＿亩；牧草＿＿＿亩；其他＿＿＿亩。种植业收入＿＿＿＿＿元。

5. 饲养情况

畜种	当前存栏数	自繁数量	去年购入数	去年出售数	牛的来源（选项在下）
母牛					
犊牛					
架子牛					
育肥牛					

A. 犊牛繁育场；B. 犊牛市场；C. 牛贩子；D. 自繁自育；E. 本地其他养殖户；F. 企业或合作社

6. 肉牛养殖圈舍

牛仓数量	建设年份	面积	可容纳肉牛头数	预计使用年限	建设成本
牛舍一					
牛舍二					
牛舍三					
牛舍四					

①您的牛舍距居住区的最近距离：＿＿＿＿＿＿米。距离河流、公共饮水井等民用取水点的最近距离：＿＿＿＿＿＿米。

②您建牛舍时，是否同时考虑了污染控制设施方面？（　　　）

A. 是　　　　　　　　　　　　　B. 否

③您在初建牛舍（场）时主要的资金来源？（　　）。是否享受国家补贴及金额：_____。

A. 自筹　　　　　　　　　　B. 银行贷款

C. 社会借款　　　　　　　　D. 他人借款

E. 其他_____

④牛舍建设时是否考虑粪污处理设施（例如污水道、堆粪场、沉降池、雨污分离等）：_____。建设成本_____元，享受国家补贴_____元，或获得免费设施设备_____。

7. 环境保护意识、行为与意愿

（1）养殖户环境保护意识

①您怎样看待农村生态环境保护？（　　）

A. 环境保护，人人有责，我会积极参与

B. 环境保护不是我家的事，别人干，我就跟着干

C. 环境保护是政府的事，不关我什么事

D. 环境保护费钱费力，我不会参与

②您是否参加过集体组织的环保活动，如退耕还林还草、护山护林、河流清污等？（　　）

A. 参加过　　　　　　　　　　B. 没参加过

C. 村集体没有组织过类似的活动

③您是否知道牛的粪便会给环境带来污染？（　　）

A. 知道　　　　　　　　　　B. 不知道

④您觉得肉牛养殖对生态环境的污染程度怎样？（　　）

A. 没有污染　　　　　　　　B. 污染很小

C. 一般污染　　　　　　　　D. 污染很严重

（2）外部因素

①政府机关是否对牛的养殖环境污染状况进行宣传？（　　）

A. 是　　　　　　　　　　　B. 否，没有听说过

是如何进行宣传的？（　　）（多选）

A. 发放相关资料　　　　　　B. 组织养殖户开会

C. 通过乡村干部宣传　　　　　D. 其他

②您家养殖是否有来自环保部门的监管压力?（　　）

A. 没有压力　　　　　　　　　B. 压力很小

C. 有一定压力　　　　　　　　D. 压力较大

③环境规制的加强对现有养殖规模的影响有哪些?（　　）

A. 退出养殖　　　　　　　　　B. 缩小养殖规模

C. 保持不变　　　　　　　　　D. 扩大养殖规模

④您家是否因粪便以及污水排放问题影响到与周边邻居、村委会的关系?（　　）

A. 否　　　　　　　　　　　　B. 是

⑤政府加强对肉牛养殖环境的规制后，您是否感受到生活环境的变化?（　　）

A. 恶化　　　　　　　　　　　B. 没有明显改变

C. 有改善　　　　　　　　　　D. 明显改善

⑥您所在的县是不是畜禽粪污资源化利用"整县推进"项目的畜牧大县?

A. 是　　　　　　　　　　　　B. 否

若是，获得国家"整县推进"项目补贴为_____万元；您的牛场从中获得补贴_____元。

⑦您所在县/镇/村是否修建了粪污集中处理设施?

A. 有　　　　　　　　　　　　B. 无

若有，该设施为_____。

（3）养殖户环境保护行为

①您如何处理肉牛养殖粪便?（　　）

A. 直接排放　　　　　　　　　B. 直接还田

C. 堆肥发酵　　　　　　　　　D. 生物发酵（沼气）

E. 出售（单价：____元/吨）　　F. 赠予他人

G. 其他

②您家肉牛养殖污水的最终去向?（　　）

A. 灌溉自家农田果园　　　　　B. 灌溉周边农田果园

C. 直接排入沟渠 D. 留在污水池

③您有参加过肉牛粪污处理技术的培训吗？A. 有；B. 无。

若有，接受肉牛粪污处理技术培训次数 ＿＿＿次，是谁举办的？（ ）

A. 政府及村委会 B. 环保相关单位

C. 企业（屠宰加工、销售） D. 合作社

E. 其他

④您了解的粪污等废弃物处理技术有哪些？（ ）

A. 固液分离技术 B. 堆肥发酵技术

C. 沼气生产技术 D. 有机肥加工技术

E. 其他

⑤您家的粪污处理技术是？（ ）

A. 自己摸索 B. 向亲戚朋友或邻居学的

C. 从学校学的 D. 通过畜牧部门的技术培训学的

E. 看书、报、电视或听广播学的 F. 通过合作企业学来的

G. 通过合作社学来的 H. 其他（请注明＿＿＿＿）

⑥您愿意采用新的粪污处理技术吗？（ ）

A. 愿意 B. 不愿意

您采用新的粪污处理技术时主要考虑（可多选）（ ）

A. 技术是否可靠 B. 是否增加收益

C. 是否有利于节约劳动力 D. 是不是政府或企业或合作社要求

E. 看别人是否采用 F. 自己是否有能力使用好

G. 采用新技术要花多少钱 H. 其他

⑦是否雇用工人清理养殖粪污＿＿＿＿；雇工人数＿＿＿＿人，雇工费用＿＿＿＿元/次。

⑧您是否愿意尝试沼气生产对肉牛养殖粪污进行资源化利用？（ ）

A. 愿意 B. 不愿意

若不愿意，原因何在？（可多选）（ ）

A. 成本太高，负担不起 B. 没有必要进行

C. 没有多余的土地 D. 缺乏技术指导

E. 难以从中受益

F. 政府没有补贴或补贴金额太少（希望获得补贴金额_____元，或补贴比例_____%）

G. 其他_____

⑨您最希望政府对肉牛养殖废弃物处理给予补贴的形式为（   ）（单选）

A. 直接发放现金   B. 免费提供相关技术指导

C. 补助贷款利息   D. 免费提供基础建材（水泥等）

E. 税收优惠   F. 其他_____

若发放现金补贴，您希望的补贴标准相应为（   ）（元/年、次/年）。

8. 肉牛养殖废弃物资源化利用方案的选择偏好实验（请调研人员仔细向被调查者描述来完成此题）

实验说明：本实验由 8 个小实验组成，每个小实验都是独立的，都有 3 个方案供您选择。

每个方案都包含废弃物资源化利用模式、耕地质量、技术培训、补贴额度和生态环境状况 5 个方面的描述。

以实验一的方案 1 为例：此方案的废弃物资源化利用模式为垫料回用，耕地质量得到明显改善，有全面技术培训，每年每户可以获得 1200 元的补贴，生态环境状况得到一般改善。

您可按照方案内容的不同，选择每个实验中您愿意采取的肉牛养殖废弃物资源化利用方案，在对应方案的□中打√。

（注：经济动植物生产，指用牛粪作为基质种植菌类、养殖蚯蚓，或作为鱼饵饲料等；垫料回用是在肉牛养殖粪污中加入锯木、稻壳、沙子等，回填至肉牛养殖圈舍用作牛床垫料）

（1）实验一：请您根据自己的偏好，从以下两个废弃物资源化利用方案中选取一个；若都不愿意，可选方案3，即维持现状。

项目	方案 1	方案 2	方案 3
废弃物资源化利用模式	垫料回用	经济动植物生产	
耕地质量	明显改善	明显改善	
技术培训	全面技术培训	全面技术培训	维持现状
补贴额度	获得补贴 1200 元/ （户·年）	获得补贴 1200 元/ （户·年）	
生态环境状况	一般改善	明显改善	
请选择	□	□	□

（2）实验二：请您根据自己的偏好，从以下两个废弃物资源化利用方案中选取一个；若都不愿意，可选方案 3。

项目	方案 1	方案 2	方案 3
废弃物资源化利用模式	规范堆肥还田	经济动植物生产	
耕地质量	一般改善	没有恶化	
技术培训	无技术培训	无技术培训	维持现状
补贴额度	获得补贴 1200 元/ （户·年）	未获得补贴	
生态环境状况	没有恶化	一般改善	
请选择	□	□	□

（3）实验三：请您根据自己的偏好，从以下两个废弃物资源化利用方案中选取一个；若都不愿意，可选方案 3。

项目	方案 1	方案 2	方案 3
废弃物资源化利用模式	规范堆肥还田	规范堆肥还田	
耕地质量	没有恶化	明显改善	
技术培训	全面技术培训	一般技术培训	维持现状
补贴额度	获得补贴 240 元/ （户·年）	获得补贴 600 元/ （户·年）	
生态环境状况	明显改善	一般改善	
请选择	□	□	□

（4）实验四：请您根据自己的偏好，从以下两个废弃物资源化利用方案中选取一个；若都不愿意，可选方案 3。

项目	方案 1	方案 2	方案 3
废弃物资源化利用模式	经济动植物生产	垫料回用	
耕地质量	一般改善	明显改善	
技术培训	全面技术培训	无技术培训	维持现状
补贴额度	获得补贴 600 元/（户·年）	获得补贴 240 元/（户·年）	
生态环境状况	明显改善	明显改善	
请选择	☐	☐	☐

（5）实验五：请您根据自己的偏好，从以下两个废弃物资源化利用方案中选取一个；若都不愿意，可选方案 3。

项目	方案 1	方案 2	方案 3
废弃物资源化利用模式	垫料回用	规范堆肥还田	
耕地质量	一般改善	明显改善	
技术培训	一般技术培训	全面技术培训	维持现状
补贴额度	未获得补贴	未获得补贴	
生态环境状况	明显改善	明显改善	
请选择	☐	☐	☐

（6）实验六：请您根据自己的偏好，从以下两个废弃物资源化利用方案中选取一个；若都不愿意，可选方案 3。

项目	方案 1	方案 2	方案 3
废弃物资源化利用模式	经济动植物生产	户用沼气	
耕地质量	明显改善	没有恶化	
技术培训	一般技术培训	一般技术培训	维持现状
补贴额度	获得补贴 240 元/（户·年）	获得补贴 1200 元/（户·年）	
生态环境状况	没有恶化	明显改善	
请选择	☐	☐	☐

（7）实验七：请您根据自己的偏好，从以下两个废弃物资源化利用方案中选取一个；若都不愿意，可选方案 3。

项目	方案 1	方案 2	方案 3
废弃物资源化利用模式	户用沼气	户用沼气	
耕地质量	一般改善	明显改善	
技术培训	全面技术培训	无技术培训	维持现状
补贴额度	获得补贴 240 元/（户·年）	获得补贴 600 元/（户·年）	
生态环境状况	一般改善	明显改善	
请选择	□	□	□

（8）实验八：请您根据自己的偏好，从以下两个废弃物资源化利用方案中选取一个；若都不愿意，可选方案 3。

项目	方案 1	方案 2	方案 3
废弃物资源化利用模式	户用沼气	垫料回用	
耕地质量	明显改善	没有恶化	
技术培训	全面技术培训	全面技术培训	维持现状
补贴额度	未获得补贴	获得补贴 600 元/（户·年）	
生态环境状况	没有恶化	没有恶化	
请选择	□	□	□

附录三

肉牛养殖废弃物资源化生态补偿调查问卷
（消费者）

尊敬的消费者：

　　您好！我们正在进行一项关于肉牛养殖废弃物资源化利用的研究。请将您所了解的情况告诉我们，在选项上打"√"即可，或在横线上、（　　）中写出答案。问卷中所涉及的问题均可多选，其答案没有对错之分。您所填写的所有材料，仅供学术研究使用，真诚地感谢您的合作！

　　调查地点：_____省（区）_____市（县）_____镇_____村

　　调查时间：_____被调查人姓名：_____联系方式：_____

一、个人基本信息

1. 您的性别（　　）

A. 女　　　　　　　　　　　　B. 男

2. 您的年龄（　　）周岁

3. 您的学历（　　）

A. 小学及以下　　　　　　　　B. 初中

C. 高中　　　　　　　　　　　D. 高中以上

4. 您家有（　　）口人，家庭年收入为（　　）万元

二、牛肉消费习惯

1. 您及家人日常会购买哪种肉类及其制品？（可多选）（　　）

A. 禽肉　　　　　　　　　　　B. 牛肉

C. 羊肉　　　　　　　　　　　　　D. 猪肉

2. 您及家人日常食用牛肉的频率大概为（　　　）

A. 每周 1~2 次　　　　　　　　　　B. 每周 3~4 次

C. 每天食用

3. 您及家人日常购买牛肉的地点是（可多选）（　　　）

A. 大型商超　　　　　　　　　　　B. 农贸市场

C. 市郊集市　　　　　　　　　　　D. 路边摊贩

4. 您及家人日常购买牛肉时会选择固定的牛肉品牌吗？（　　　）

A. 会　　　　　　　　　　　　　　B. 不会

三、环境认知

1. 您怎样看待生态环境保护？（　　　）

A. 环境保护，人人有责，我会积极参与

B. 环境保护不是我一家的事，别人干，我就跟着干

C. 环境保护是政府的事，不关我什么事

D. 环境保护费钱费力，我不会参与

2. 您是否参加过公益环保活动，如植树造林、小区环境清理、海滩河滩垃圾收集等？（　　　）

A. 参加过　　　　　　　　　　　　B. 没参加过

C. 没有听说过有类似的活动

3. 您是否知道牛的粪便会给环境带来污染？（　　　）

A. 知道　　　　　　　　　　　　　B. 不知道

4. 您觉得肉牛养殖对生态环境的污染程度（　　　）

A. 没有污染　　　　　　　　　　　B. 污染很小

C. 一般污染　　　　　　　　　　　D. 污染很严重

四、肉牛养殖废弃物资源化利用方案的选择实验

实验说明：本实验由 8 个小实验组成，每个小实验都是独立的，都有
　　　　　3 个方案供您选择。

　　　　　现假设您可以通过购买牛肉时的价格支付来支持肉牛养殖
　　　　　废弃物资源化利用，每个方案都包含废弃物资源化利用模

式、生态环境状况和支付意愿三个方面的描述。

以实验一的方案 2 为例：此方案的肉牛养殖废弃物资源化利用模式为户用沼气，您愿意在购买牛肉时多支付 0.5 元/kg 来支持此肉牛养殖废弃物资源化利用方案，此方案下生态环境状况不会恶化。

您可按照方案内容的不同，选择每个实验中您愿意采取的肉牛养殖废弃物资源化利用方案，在对应方案的□中打√。

（注：经济动植物生产，指用牛粪作为基质种植菌类、养殖蚯蚓，或作为鱼饵饲料等；垫料回用是在肉牛养殖粪污中加入锯木、稻壳、沙子等，回填至肉牛养殖圈舍用作牛床垫料）

（1）实验一：请您根据自己的偏好，从以下两个废弃物资源化利用方案中选取您支持的一个；若都不愿意，可选方案 3。

项目	方案 1	方案 2	方案 3
废弃物资源化利用模式	户用沼气	户用沼气	方案 1 和方案 2 都不想选
生态环境状况	一般改善	没有恶化	
支付意愿	2 元/kg	0.5 元/kg	
请选择	□	□	□

（2）实验二：请您根据自己的偏好，从以下两个废弃物资源化利用方案中选取您支持的一个；若都不愿意，可选方案 3。

项目	方案 1	方案 2	方案 3
废弃物资源化利用模式	垫料回用	经济动植物生产	方案 1 和方案 2 都不想选
生态环境状况	没有恶化	一般改善	
支付意愿	2 元/kg	0 元/kg	
请选择	□	□	□

（3）实验三：请您根据自己的偏好，从以下两个废弃物资源化利用方案中选取您支持的一个；若都不愿意，可选方案 3。

项目	方案 1	方案 2	方案 3
废弃物资源化利用模式	经济动植物生产	规范堆肥还田	方案 1 和方案 2 都不想选
生态环境状况	没有恶化	明显改善	
支付意愿	1 元/kg	0.5 元/kg	
请选择	□	□	□

（4）实验四：请您根据自己的偏好，从以下两个废弃物资源化利用方案中选取您支持的一个；若都不愿意，可选方案3。

项目	方案 1	方案 2	方案 3
废弃物资源化利用模式	规范堆肥还田	规范堆肥还田	方案 1 和方案 2 都不想选
生态环境状况	没有恶化	没有恶化	
支付意愿	0 元/kg	0.5 元/kg	
请选择	□	□	□

（5）实验五：请您根据自己的偏好，从以下两个废弃物资源化利用方案中选取您支持的一个；若都不愿意，可选方案3。

项目	方案 1	方案 2	方案 3
废弃物资源化利用模式	经济动植物生产	规范堆肥还田	方案 1 和方案 2 都不想选
生态环境状况	没有恶化	一般改善	
支付意愿	2 元/kg	1 元/kg	
请选择	□	□	□

（6）实验六：请您根据自己的偏好，从以下两个废弃物资源化利用方案中选取您支持的一个；若都不愿意，可选方案3。

项目	方案 1	方案 2	方案 3
废弃物资源化利用模式	垫料回用	垫料回用	方案 1 和方案 2 都不想选
生态环境状况	没有恶化	一般改善	
支付意愿	1 元/kg	0.5 元/kg	
请选择	□	□	□

（7）实验七：请您根据自己的偏好，从以下两个废弃物资源化利用方案中选取您支持的一个；若都不愿意，可选方案 3。

项目	方案 1	方案 2	方案 3
废弃物资源化利用模式	户用沼气	经济动植物生产	方案 1 和方案 2 都不想选
生态环境状况	没有恶化	明显改善	
支付意愿	0 元/kg	0.5 元/kg	
请选择	□	□	□

（8）实验八：请您根据自己的偏好，从以下两个废弃物资源化利用方案中选取您支持的一个；若都不愿意，可选方案 3。

项目	方案 1	方案 2	方案 3
废弃物资源化利用模式	垫料回用	户用沼气	方案 1 和方案 2 都不想选
生态环境状况	明显改善	明显改善	
支付意愿	0 元/kg	1 元/kg	
请选择	□	□	□

图书在版编目（CIP）数据

中国肉牛养殖废弃物资源化利用与生态补偿／王悦，
张越杰著 .--北京：社会科学文献出版社，2025.5.
ISBN 978-7-5228-5216-4

Ⅰ . X713

中国国家版本馆 CIP 数据核字第 2025AT8935 号

中国肉牛养殖废弃物资源化利用与生态补偿

著　　者／王　悦　张越杰

出 版 人／冀祥德
组稿编辑／高　雁
责任编辑／颜林柯
文稿编辑／陈丽丽
责任印制／岳　阳

出　　　版／社会科学文献出版社·经济与管理分社（010）59367226
　　　　　　地址：北京市北三环中路甲 29 号院华龙大厦　邮编：100029
　　　　　　网址：www. ssap. com. cn
发　　　行／社会科学文献出版社（010）59367028
印　　　装／三河市龙林印务有限公司

规　　　格／开　本：787mm×1092mm　1/16
　　　　　　印　张：14.25　字　数：217 千字
版　　　次／2025 年 5 月第 1 版　2025 年 5 月第 1 次印刷
书　　　号／ISBN 978-7-5228-5216-4
定　　　价／138.00 元